技能型紧缺人才培养培训教材

全国卫生职业院校规划教材

供中等卫生职业学校各专业使用

物理应用基础

主　　编　杨素英

主　　审　郑子辉　季晓波

副 主 编　杨淑兰　杭　丽　王庆亮

编　　者　（按姓氏汉语拼音排序）

　　　　　杭　丽　刘　瑶　王庆亮

　　　　　杨淑兰　杨素英　张德娟

U0209850

科学出版社

北　京

内 容 简 介

本书以教育部面向 21 世纪中等卫生职业教育教学计划和《中等卫生职业学校物理教学大纲》为根据,以课程模式改革的理念为指导而编写.内容包括力学、分子物理学、电学、电磁学和几何光学 5 章,物理实验 6 个;配图丰富;练习题形式多样,数量有很大增加.习题分两组:A 组是基础题;B 组是拔高题,便于学有余力的学生后续学习.本书在内容上注意了与医学的紧密结合及与初中物理知识的衔接;在内容的阐述上打破了常规的编写形式,采用了物理学科学探究的思维方式,既符合中等职业学校学生的认知规律,又使学生能主动、活泼地参与到教学过程中,大大激发了学生的兴趣,培养了学生的科学思维能力.

本书可供中等卫生职业学校各专业学生使用.

图书在版编目 (CIP) 数据

物理应用基础/杨素英主编.—北京:科学出版社,2007.11
技能型紧缺人才培养培训教材·全国卫生职业院校规划教材
ISBN 978-7-03-020216-1

Ⅰ.物… Ⅱ.杨… Ⅲ.物理课-专业学校-教材 Ⅳ.G634.71

中国版本图书馆 CIP 数据核字(2007)第 159527 号

责任编辑:裴中惠 / 责任校对:张小霞
责任印制:徐晓晨 / 封面设计:黄 超

科 学 出 版 社 出版
北京东黄城根北街 16 号
邮政编码:100717
http://www.sciencep.com

北京盛通商印快线网络科技有限公司 印刷
科学出版社发行 各地新华书店经销
*
2007 年 11 月第 一 版 开本:850×1168 1/16
2021 年 8 月第十三次印刷 印张:8
字数:199 000
定价:25.00 元
(如有印装质量问题,我社负责调换)

技能型紧缺人才培养培训教材
全国卫生职业院校规划教材

中职教材建设指导委员会委员名单

主任委员　刘　晨
委　　员　(按姓氏汉语拼音排序)

白洪海	深圳职业技术学院	陈雪艳	潍坊卫生学校
刁振明	聊城职业技术学院	杜国香	廊坊卫生学校
冯建疆	石河子卫生学校	傅一明	玉林市卫生学校
贺平泽	吕梁市卫生学校	黄爱松	玉林市卫生学校
黄怀宇	广州医学院护理学院	纪　霖	辽源市卫生学校
江　乙	桂东卫生学校	蒋劲涛	桂林市卫生学校
蒋　琪	南海卫生学校	巨守仁	咸阳市卫生学校
李培远	桂东卫生学院	梁　益	柳州市卫生学校
米振生	聊城职业技术学院	戚　林	玉林市卫生学校
沈蓉滨	成都铁路卫生学校	宋永春	珠海市卫生学校
苏盛通	玉林市卫生学校	孙青霞	咸阳市卫生学校
王冬梅	兴安职业技术学院	王建中	上海欧华学院医学院
王之一	吕梁市卫生学校	吴　明	巴州卫生学校
吴　萍	惠州卫生学校	伍利民	桂林市卫生学校
徐正田	潍坊卫生学校	薛　花	贵阳市卫生学校
杨素英	朝阳市卫生学校	余剑珍	上海职工医学院
张宝恩	北京护士学校	张薇薇	太原市卫生学校
张新平	柳州市卫生学校	赵　斌	四川省卫生学校

前　言

时光将我们带入 21 世纪的信息时代,时代的发展对物理教育提出了新的要求,为了把学生培养成具有科学的思维方式、创新精神和应用意识的高素质人才,以适应现代医学的需要,中等卫生职业学校的物理教育应当进行哪些改革?

探索这些问题的答案,就是我们编写这本《物理应用基础》的指导思想,根据教育部2000 年 8 月新颁布的《中等职业学校物理教学大纲(试行)》的要求,遵循中等卫生职业教育"实际、实用、实效"的原则,为突显卫生职业教育的特色,在教材编写上,我们考虑了我国中等卫生职业教育的现状和中等卫生职业学校学生的认知规律,从而形成课本教材的一些特色:

一、把培养学生物理的思维方式作为教学目标之一,按照物理的思维方式编写每一课的内容.

物理的思维方式是科学探索的思维方式,按照物理的思维方式学习物理,才能学好物理.什么是物理的思维方式? 通过观察客观世界的现象,抓住其主要特征,抽象出概念或者建立理想的模型,根据现象,对现象的本质做出合理的"猜测",接着对"猜测"进行深入的分析、推论和论证,最后归纳、总结概括出结论,揭示出事物的本质规律,使纷繁复杂的奇特现象不再神秘.

依据物理的思维方式编写每一课的内容,我们设立了"观察"、"演示"、"探究"、"分析"、"归纳"等小标题,使学生在学习物理知识的同时,受到物理思维方式的熏陶,潜移默化、日积月累,培养了学生物理的思维方式,提高了学生的素质,这会使学生终身受益.

二、使学生主动地、生动活泼地参与到教学过程中来.

外因是条件,内因是根本,教师应该创造条件吸引学生,调动学生内在的积极性,才能使学生学好物理.为此,在教材中设立了"想一想"、"认一认"、"议一议"、"试一试"、"辨一辨"等小标题,让学生在课堂上积极地看、说、思、做,深入认识物理问题.这些小标题是结合具体教学内容的需要自然而然设立的.

三、按照学生的认知规律精心安排每一课的内容,既便于教师教,又利于学生学.

为便于学生明确每章的知识目标,在每章的前面安排了"阅读指导"栏.通过小标题明确区分重点内容和一般内容.例如:"分析"、"探究"、"抽象"、"归纳"、"评注"、"示范"等小标题下面的是重点内容,而"说一说"、"辨一辨"等小标题下面的是一般内容.

在书末附有教学基本要求,标注了课程目标、学时分配和单元目标,便于教师明确教学目标和教学计划.

四、精选内容,注重理论联系实际.

由于部分学生中有"物理无用"的错误想法,如果这种想法不改变的话,是很难激发学生对物理的兴趣的,自然达不到良好的教学效果.因此,我们根据专业特点和培养目标精选内容,使内容深浅适当.比如:匀速直线运动公式及动能和势能公式的推导、电场强度和电势公式的推导等,这些偏深的内容删去了.力求将物理学与医学较为紧密地联系起来.在物理理论知识的后面,通过"链接"的方式介绍物理知识在医学、药学和临床上的应用,让学生感到医学离不开物理学,作为医学学生学好物理很重要,让学生自己意识到"物理无用"的想法是错误的,从而学好物理.

五、富有层次和弹性.

每次课的后面安排了相关习题,习题的量很大,目的是为了增大知识的覆盖面.练习分A、B 两组,习题的难易有别:A 组是给所有学生编写的,是要求每位同学都应该掌握的基础知识;B 组是为那些学有余力和准备继续升学的学生编写的.

本书编写过程中得到了鞍山师范学院附属卫生学校王庆亮老师的大力协助,在此深表感谢。

本教材第一次出版,望大家提出宝贵意见.

编者

2007 年 7 月

目 录

绪　论

一、物理学研究的对象

人类赖以生存的自然界是由各种各样的物质构成的.什么是物质呢？辩证唯物主义认为,客观现实存在就是物质.物质存在的形态各种各样,归结起来分为**实物**和**场**两大类.实物指分子、原子、电子以及由分子或原子组成的作用于人的感官而引起感觉的东西,如房屋、树木、山川、河流、空气等都是实物物质;场是看不见、摸不着的物质,但通过客观现象,科学实验能够间接感觉到它的存在,场具有能量和力的性质,如重力场、电场、磁场、核力场等,它们是以场作为物质存在的特殊形式.实物与场这两类物质不可分割地联系在一起,如地球周围存在重力场、电荷周围存在电场、磁体周围存在磁场等.而它们之间的作用,如两电荷之间的相互作用,是通过两电荷周围的电场和电场之间的相互作用来实现的.实物和场尽管存在的形态不同,但它们都是不依人的意识而客观存在,并且能被人们所认识.

物质的固有属性是运动,没有运动的物质和没有物质的运动,都是不存在的.星球的运动、微观粒子的运动、生物的代谢、大脑的思维、遗传等过程都是物质运动变化的例子.物理学是研究物质最基本、最普遍的运动形式和规律的科学,它研究的内容包括机械运动、分子热运动、电磁运动、原子和原子核内的运动等.物理学研究的这些运动,普遍地存在于其他高级的、复杂的物质运动形式之中.例如:化学反应中包含有分子运动以及热和电的现象,人体中的神经运动包含着复杂的电学过程.一切自然现象,包括有生命的和无生命的在内,都毫无例外地遵循能量守恒定律、万有引力定律等物理定律,正是由于物理学所研究的规律具有极大的普遍性,使得物理学的基本知识成为研究其他自然科学所不可缺少的基础.

在初中物理课中,同学们已经初步学过机械运动、热运动、电磁现象和光现象等知识,懂得了许多物理概念,如质量、压强、功和能、电流、电阻和电压等,理解了一些物理定律,如牛顿第一定律、欧姆定律和光的反射定律等,这使我们对物质世界有了初步的认识.目前,物理知识已经很丰富,应用也非常广泛,但同学们在初中阶段只学习了浅显的物理知识,学习的面也比较窄,更多的是一些现象的叙述,偏重于定性方面的知识.为了后继课程的学习和今后工作的需要,还应进一步学习物理学.

在中等卫生职业学校的物理课中,同学们将要学习一些物理现象的本质和定量关系.例如,在力学中要学习牛顿定律、力的合成、功和能、液体的流动等力学知识,在电、磁、光学中,要学习一些定量关系,目的在于使我们的物理知识较初中的水平有更大的提高,增强我们运用物理知识分析问题、解决问题的能力,以适应医学科学的需要.

二、物理学和医学的关系

物理学的理论是深入认识生理过程和病理过程的基础.例如:人体内部发生的生理过程和物理过程相联系;神经传导的过程和电现象相联系;人体体温的调节跟热现象及能量的转换过程相联系.没有物理学的知识,就很难理解这些生理过程的机制.而且,人类生活在大自然中,生活环境对人体也有很大的影响.例如:温度、湿度、压强、电磁场和放射线等,与人的生存关系甚为密切,如果不了解这些物理因素的规律,就不可能了解人体在这些外界条件下活动的规律.

在基础医学的研究和医学的预防、诊断、治疗、药物制备和检验等方面的发展中,物理学的方法和技术是有力的工具.例如:显微镜、X射线（X-CT）、超声波、激光、放射性核素、核磁共振等的诊治,都是物理学的研究成果在医学上应用的范例.物理学的任何一个重要发明、发现和新

1

理论的建立,可以说几乎没有一个不被医学采纳运用的.大量采用物理学的设备和方法,已成为现代医学的一个特征.事实上,物理学对医学的巨大变革起了重大作用:显微镜的发明和电学理论的问世,使属于解剖水平的医学,衍生出了细胞学、组织胚胎学、病理学、微生物学和寄生虫学等,使医学发展到了细胞水平;自从电子显微镜诞生后,医学又进入亚细胞的水平(超显微结构水平);X 射线衍射技术、波谱技术、电泳、色谱仪等的发明,又使医学进入分子生物学水平.所以,物理学既是生命科学的基础,又推动着医学不断向前发展.因此,作为 21 世纪的医学工作者,掌握必要的物理学知识是医学本身发展的必然要求.

三、怎样学好物理学

根据物理学的特点,要学好物理课应注意下面几个问题:

(一) 正确理解概念和牢固掌握规律

学习物理时,会遇到许多概念和规律,这些概念和规律反映了物理现象的本质和现象之间的相互关系.对于概念要了解它的物理意义,了解为什么要建立这个概念,它是说明什么问题的;对于物理量,应明确它的大小决定于什么条件、如何测量和单位的规定等;学习物理规律时,要深入了解它的意义,掌握各有关量之间的关系,注意其适用范围,并运用它们去正确解释现象、分析和解决问题等.

在学习过程中,只有勤于动脑、善于思考,才能发现物理现象的实质,形成物理概念,导出规律,正确地领会物理意义,在认识上实现从感性到理性的飞跃,使所学知识系统化、网络化.

(二) 做好物理实验

物理学是一门实验科学,实践是物理知识的源泉.自从伽利略创立用实验方法研究物理现象以来,物理学得到了飞速的发展,近代物理学的兴起和发展,都是在实验的基础上取得的.例如:观察、研究电流使磁针偏转的现象,使人们认识到电流周围存在着磁场;通过对放射线的研究,认识了原子核的复杂结构等.整个物理学的发展史告诉我们,物理学知识来源于实践,特别是来源于科学实践,所以在学习物理知识的过程中,必须充分重视实践的重要作用.物理实验是实践活动的重要环节,通过实验可以创造条件使某些现象特别是瞬时即逝的现象的再现,并对它做细致、多方面的观察,也可以改变条件以观察、认识物理过程是怎样演变的.经过实验的分析和综合,进一步理解物理概念和定律是怎样在实验基础上建立起来的,从而帮助我们形成概念、理解概念,进而巩固所学的物理规律,并加以灵活地运用.由此可见,认真做好实验是非常重要的.

(三) 充分运用数学知识

物理学中许多概念和规律之间存在着一定的数量关系,常常要用数学公式来表示.例如:初中学过的速度公式 $v=S/t$,液体的压强公式 $P=F/S=\rho gh$,欧姆定律的公式 $I=U/R$ 等.把概念和规律写成公式后,显得简单、明确,不易发生对同一概念或规律的不同解释,而且便于运用它们来进行分析、推理和论证.对于物理公式,首先必须弄清楚各个符号所表征的物理量,并注意公式的使用条件.计算问题时,要分析问题的性质,各现象之间的内在联系,已知和未知条件,然后认清它们遵循的定律和相应的数学公式.

(四) 做好练习

学习物理知识很重要的方法是理论联系实际,理论联系实际主要指将所学的知识运用到实际中去,是再实践、再认识的过程.只有经过运用,才能加深对所学知识的理解,逐步运用所学知识去解释一些物理现象,解决一些简单的实际问题.

(杨素英)

第1章 力 学

自然界是由物质构成的,物质的运动是永恒的.例如,河水在奔流,鸟儿在飞翔,车辆在行驶,心脏在跳动,血液在循环……就连通常认为不动的大地、房屋、高山等,也在随着地球一起绕着太阳转动.宇宙中的一切,大到天体,小到分子、原子,都处在永恒的运动中.在物质的一切运动形态中,最简单的一种就是**物体之间或者一个物体各个部分之间相对的位置变化**,叫做机械运动,简称**运动**.力学研究的对象,就是机械运动的性质和它的客观规律.其他物理现象,如热现象、电磁现象中都伴随着机械运动.因此,力学知识是研究物理学其他部分的基础.

力学同样也是医学科学的基础之一.我们在讨论人体各种生理和病理的过程中,就要广泛地运用到力学知识.例如,要理解血流、血压、人体内的能量转化等,就需要首先弄懂压强、功、能等有关的力学知识.

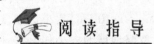
阅 读 指 导

本章知识目标

一、机械运动

1. 什么叫质点?什么情况下可以把物体看成质点?

2. 位移的物理意义是什么?怎样表示位移?位移和路程有什么区别?

3. 在变速直线运动中,什么是平均速度、即时速度?二者有何区别?

4. 加速度的物理意义是什么,定义、公式怎样?加速度的方向怎样确定,意义如何?

5. 什么是自由落体运动?重力加速度的大小、方向如何?

二、力

1. 什么是力?力作用在物体上产生哪些效果?如何用力的图示来表示力的三要素?

2. 重力、弹力、摩擦力分别是怎样产生的?其大小、方向怎样确定?

3. 什么叫力的合成、力的分解?它们都遵守什么定则?在实际问题中,究竟如何去分解一个已知力?

4. 牛顿的三个定律分别揭示了哪些因素间的关系?

三、功和能

1. 什么叫功?功的大小由哪三个因素决定?什么是正功、负功,其含义如何?

2. 什么叫动能、重力势能,定量表达式是什么?重力势能为什么具有相对性?

3. 机械能守恒的条件是什么?机械能守恒定律的内容是什么?

四、液体的流动

1. 什么叫理想液体?稳流有什么特点?

2. 液体的流动速度与截面积有什么关系?流动液体的压强与流速又有什么关系?

3. 液体的黏性是怎样产生的?泊肃叶定律在临床上有什么应用?

4. 血液的流速在血管中不同处如何变化?血压在血管中不同处如何变化?

5. 如何使用血压计测量血压?

第①节　机 械 运 动

质点　位移　速度　加速度

（一）质点　位移　路程

说一说

在日常中你见过哪些不同的运动形式？怎样来描述它们的运动规律？

机械运动的形式是各种各样的，就物体运动的轨迹来说，有的作直线运动，有的作曲线运动．物体运动时，有的运动得快，有的运动得慢，有的时快时慢．为了描述它们的运动规律，常用到质点、位移、路程、速度和加速度等有关物理量．

质点　任何物体都有一定的大小和形状，在研究物体的运动时，为了使问题简化，常常忽略物体的大小和形状，把它当成一个具有物体全部质量的点来看待．这样的点，叫做**质点**．

想一想

在什么情况下，物体可以视为质点呢？

在什么情况下可以把物体当作质点，这要看具体问题而定．例如，在研究地球绕太阳公转时，由于地球的直径（约 $1.28×10^4$ km）较之公转运动轨道的半径（约 $1.50×10^8$ km）要小得多，地球上各处相对于太阳的运动情况基本上可看作是相同的，因而可以忽略地球的大小和形状，把地球当作一个质点看待．但在研究地球自转时，如果仍然把地球当作质点看待，显然就不对了．又如一个物体，如果它各部分的运动情况完全相同，那么，只要知道它的任何一点的运动，就可以知道整个物体的运动，在这种情况下也可以把整个物体当作质点看待．例如，从桌内拉出抽屉的时候，抽屉各部分的运动完全相同，我们就可以把抽屉看成是质点．

质点是一个理想的模型，是科学研究的一种方法．在物理学中，常常用理想模型来代替实际研究的对象，以突出事物的主要方面，从而使问题简化便于研究，以后的章节中还会遇到．在有关机械运动的章节中，如不特别说明，都把物体当作质点来看待．

想一想

质点在运动过程中，它的位置随着时间而改变．那么，经过一段时间后，质点的位置改变了多少？它的位置是沿什么方向变化的？为了确定质点的位置变化，我们引入一个新的物理量——位移．

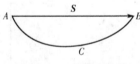

图 1-1　位移和路程

位移　设质点原来在位置 A，经过一段时间，沿路径 C 运动到位置 B（图 1-1）．在这段时间内，质点的位置改变是由 A 到 B，位置改变的大小等于线段 AB 的长度，方向是由起点 A 指向终点 B，**质点的位移就是从初位置 A 指向末位置 B 的有向线段**．像位移这样不仅要知道它的大小，而且还要知道它的方向，才能完全确定的物理量，叫做**矢量**．例如：初中学过的力、速度、现在学的位移等都是矢量．仅由大小就可以完全确定的物理量，叫做**标量**．初中学过的路程、时间、温度等都是标量．

辨一辨

很显然，位移和路程是不同的物理量，那二者之间有什么异同点呢？

路程　路程是质点运动所经过的路径长度．它没有方向，是标量．如图 1-1 所表示的曲线 ACB 的长度，就是质点从 A 点运动到 B 点所通过的路程，而位移表示质点位置的改变，它只决定于质点的最初和最终位置，与质点运动的路径无关，在一般情况下，质点运动的位移大小和路径是不相等的，即使在直线运动中，位移和路程也不能混为一谈．例如，一质点沿直线从 A 运动到 B 又折回到 A 点，显然路程等于 A、B 之间距离的两倍，而位移却等于零．**只有当质点沿直线运**

笔记栏

动且方向不变时,位移的大小才与通过的路程相等.

位移与路程的单位相同,在国际单位制中,它们的单位是米(符号是 m).

(二) 速度　加速度

想一想

在初中,我们已经学过了匀速直线运动的规律,可实际上,我们平常看到的绝大多数运动是非匀速运动.比如火车出站时,运动越来越快;火车进站时,运动越来越慢,即火车在相等的时间里,位移不是都相等,或者说火车的运动速度随着时间而变化,我们把这样的运动,叫做**变速运动**.路径是直线的变速运动叫做**变速直线运动**.那么,怎样来表示物体这种运动的快慢程度呢?

平均速度　由于变速直线运动的特点是运动快慢不均匀,我们只好采取粗略的办法来表示物体运动的快慢,因此,引入一个平均速度的概念.**在变速直线运动中,运动物体的位移和所用时间的比值,叫做这段时间内的平均速度.**用 S 来表示位移,t 表示时间,$\bar{v}$ 表示平均速度,那么

$$\bar{v} = \frac{S}{t} \tag{1-1}$$

平均速度的大小表示物体在这段时间内运动的平均快慢程度.它不但有大小,而且有方向,是矢量.它的方向就是物体位移的方向.在国际单位制中,它的单位是米/秒,读作米每秒(符号 m/s).

[**例题 1-1**]　一位百米赛跑运动员的成绩是 10s,前 50m 用去 5.5s,后 50m 用去 4.5s,求全程和前后半段的平均速度.

解:已知 $S = 100\text{m}, t = 10\text{s}, S_1 = S_2 = 50\text{m}, t_1 = 5.5\text{s}, t_2 = 4.5\text{s}$

由式(1-1):$\bar{v} = \dfrac{S}{t}$

全程:$\bar{v} = \dfrac{S}{t} = \dfrac{100}{10} = 10 (\text{m/s})$

前半段:$\bar{v}_1 = \dfrac{S_1}{t_1} = \dfrac{50}{5.5} = 9.1 (\text{m/s})$

后半段:$\bar{v}_2 = \dfrac{S_2}{t_2} = \dfrac{50}{4.5} = 11 (\text{m/s})$

答:百米赛跑运动员跑完全程的平均速度是 10m/s,前后半段的平均速度分别是 9.1m/s 和 11m/s.

◀ **评注** ▶

由上例可见,平均速度与所取的时间间隔或位移段有关.因此,在计算平均速度时,必须明确是哪一段时间内或哪一段位移的平均速度.

即时速度　平均速度只能粗略地描述物体在这一段时间内的运动情况,为了精确地描述物体的运动过程,需要知道物体在某一时刻或通过某一位置时的速度,例如被发射的子弹经过枪口时的速度.**运动物体在某一时刻(或通过某一位置)的运动速度叫做即时速度**,简称**速度**.运动的初时刻和末时刻的速度,分别叫做初速度(记为 v_0)和末速度(记为 v_t).在技术上,常常用特殊的仪器(例如装在汽车上的速度计)来直接测量出即时速度.

想一想

做变速运动的物体,它的速度是时刻在改变的,不同的变速运动,其速度的改变也是不同的.例如,同时从静止开始做直线运动的自行车和小汽车,经过相同的时间,小汽车达到的速度比自行车大得多,这表明小汽车的速度增加得快.在正常情况下刹车后汽车是慢慢停下来的,但在发生紧急情况急刹车时,汽车会很快地停止运动,速度减小得快.怎样来表示速度改变的快慢呢?

加速度　正像用位移(位置的变化)跟时间的比值表示物体运动的快慢一样,我们可以用速度的变化跟时间的比值来表示速度改变的快慢,这个比值越大,表示速度改变得越快.物理学

中用加速度来表示物体速度改变的快慢.

在变速直线运动中,速度的变化和所用时间的比值,叫做变速直线运动的加速度.

做变速直线运动的物体,在 t 这一段时间内,速度从初速度 v_0 变到末速度 v_t,速度的改变等于 v_t-v_0,用 a 表示加速度,那么:

$$a = \frac{v_t - v_0}{t} \tag{1-2}$$

加速度的单位,由时间和速度的单位确定.在国际单位制中,加速度的单位是米/秒²,读作米每二次方秒(符号是 $\mathrm{m/s^2}$).

加速度有大小和方向,是矢量.

如果取开始运动的方向为正方向,初速度的数值总是正的.上式中,当 $v_t>v_0$ 时,加速度 a 是正值,表示加速度的方向与初速度的方向相同,物体作加速直线运动;当 $v_t<v_0$ 时,加速度 a 是负值,表示加速度的方向跟初速度方向相反,物体作减速直线运动;当 $v_t=v_0$ 时,加速度为零,表示速度没有改变,物体作匀速直线运动或静止.

[**例题 1-2**] "120"救护车作加速运动,在 20s 内速度由 10m/s 增加到 50m/s,救护车的加速度是多少?

解:已知 $v_0=10\mathrm{m/s}, v_t=50\mathrm{m/s}, t=20\mathrm{s}$

由式(1-2) $a = \frac{v_t-v_0}{t} = \frac{50-10}{20} = 2(\mathrm{m/s^2})$

加速度是正值表示加速度的方向跟初速度的方向相同,救护车作加速运动.

答:救护车的加速度是 $2\mathrm{m/s^2}$.

[**例题 1-3**] 汽车紧急刹车时,在 2s 内速度从 10m/s 减小到零,求它的加速度.

解:已知 $v_0=10\mathrm{m/s}, v_t=0, t=2\mathrm{s}$

由 $a = \frac{v_t-v_0}{t} = \frac{0-10}{2} = -5(\mathrm{m/s^2})$

加速度是负值表示加速度的方向跟初速度的方向相反,汽车作减速运动.

答:汽车的加速度是 $-5\mathrm{m/s^2}$.

(三) 自由落体运动　重力加速度

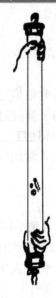

图 1-2 自由落体运动

说一说

挂在线上的重物如果把线剪断、手中的石块如果释放……你会发现重物、石块等物体将怎样运动?

自由落体运动 日常中大量的现象表明,一切物体如果没有其他物体支持,都会向地面下落,并且下落时,总是沿着竖直方向速度越来越快,可见物体的下落运动是加速直线运动.如图 1-2,**若在没有空气的空间里,物体只在重力作用下,从静止开始下落的运动叫做自由落体运动.**

想一想

既然自由落体运动是加速直线运动,那么物体下落时肯定具有加速度,这个加速度的大小和方向怎样呢?

重力加速度 实验证明,在同一地点,任何物体做自由落体运动时的加速度都是相同的,叫做**重力加速度**,常用 g 表示,方向竖直向下.但在地球上不同地点,重力加速度略有差异,例如在北京 $g=9.80\mathrm{m/s^2}$,在赤道 $g=9.78\ \mathrm{m/s^2}$,目前国际上取 $g=9.806\,65\mathrm{m/s^2}$ 为重力加速度的标准值,在通常的计算中可以取 $g=9.8\mathrm{m/s^2}$.在粗略的计算中可以把 g 取为 $10\mathrm{m/s^2}$.

笔记栏

◀练习▶

A

一、填空题

1. 质点是一个_____模型,在_____或_____情况下,可以把物体看作是_____.

2. _____确定的物理量叫做标量.不仅要知道_____,而且还要知道_____,才能完全确定的物理量是矢量.

3. 研究地球绕太阳公转时,可以把_____看作质点,因为_____;研究地球自转时,就_____看作质点.

4. 位移是描述_____的物理量.它的大小等于_____长度,它的方向由_____指向_____.它与质点的_____无关,是_____量.路程是质点运动_____长短,它只有_____,没有_____,是_____量.

5. 一个人在200m的跑道上跑了一周,他的位移是_____m,路程是_____m;如果他跑了十圈半,他的路程是_____m,位移是_____m.

6. 粗略地描述物体变速直线运动的快慢用_____,公式为_____;精确地描述质点运动快慢用_____.运动的初时刻和末时刻的速度,分别叫做_____速度和_____速度.

7. 火车以72km/h的速度经过某一路标是_____速度;子弹以600m/s的速度通过枪筒是_____速度.

8. 如果一辆货车在平直公路上运动,前一半时间的速度是9.0m/s,后一半时间的速度是6.0m/s,则货车全程的平均速度是_____m/s.

9. 加速度是表明物体速度_____的物理量,由 $a=\dfrac{v_t-v_0}{t}$ 知,取 v_0 方向为正方向:当 $v_t>v_0$ 时,即 $a>0$,表明_____与_____同向,物体作_____运动;当 $v_t<v_0$ 时,即 $a<0$,表明_____与_____反向,物体作_____运动.

10. 百米短跑运动员在起跑后3s末速度达到9m/s,则在起跑过程中的加速度为_____.

11. 一人在平直的公路上行走了120m,他又返回来走了35m,那么此人通过的路程为_____m,位移的大小为_____m.

12. 一位护士以3m/s的速度推护士车前行,当遇障碍物时,护士车要在2s内停下来,该车的加速度应为_____.

13. 自由落体运动指_____.

14. _____叫做重力加速度,用_____表示,在国际上取 $g=$_____m/s^2,它的方向总是_____.

二、选择题

1. 关于质点下面说法正确的是　　　　　　　　　　　　　　　　　(　)

　　A. 质点是物质的微粒

　　B. 所谓质点就是一个几何点

　　C. 把物体当作质点是有条件的、相对的,而不是任意的、绝对的

　　D. 不考虑物体的大小和形状,认为物体只是具有质量的点

2. 下面各种物体的运动中,可以当作质点的物体有　　　　　　　　(　)

　　A. 做花样滑冰的运动员　　　　　　　B. 远洋航行中的巨轮

　　C. 从地球上控制中心观察宇宙飞船的运动　　D. 研究汽车轮胎的运动

　　E. 计算坦克对地面产生的压强

笔记栏

3. 下列物理量不是矢量的有　　　　　　　　　　　　　　　　　　　　　　（　　）

    A. 速度　　　　　　　　　B. 路程　　　　　　　　　C. 位移

    D. 温度　　　　　　　　　E. 加速度　　　　　　　　F. 质量

4. 下列物体的速度不是即时速度的有　　　　　　　　　　　　　　　　　　（　　）

    A. 石头落地的速度　　　　　　　　　　　　B. 运动员冲线的速度

    C. 火车从成都到北京的车速是 80km/h　　　D. 子弹出膛的速度

    E. 某人以 5m/s 的速度跑完 1km

5. 关于位移和路程的关系,下面说法正确的是　　　　　　　　　　　　　　（　　）

    A. 物体的路程很大,但它的位移可能很小

    B. 物体只要沿直线运动,它的路程一定等于它的位移大小

    C. 物体沿直线向某一方向运动,它通过的路程就是位移

    D. 物体沿直线向某一方向运动,它通过的路程等于位移的大小

6. 关于加速度,下面说法正确的是　　　　　　　　　　　　　　　　　　　（　　）

    A. 加速度不是速度,是速度的变化

    B. 在变速运动中,速度大时,加速度一定大

    C. 速度是矢量,但加速度是标量

    D. 加速度表示速度变化的快慢,加速度大表示速度变化的快

三、计算题

1. 骑自行车的人沿着坡路直线下行,在第 1 秒钟内通过 1m 路程,第 2 秒钟内通过 3m 路程,第 3 秒钟内通过 7m 路程,求最初 2s 内、最后 2s 内以及全部运动时间内的平均速度.

2. 下列三种运动可看作变速直线运动,求它们的加速度.

(1) 自行车由静止开始,经过 10s 后,它的速度是 5m/s.

(2) 火车在 50s 内,其速度从 28.8km/h 增加到 46.8km/h.

(3) 汽车以 43.2km/h 的速度运动,刹车后经 15s 停止.

3. 一辆自行车以 12m/s 的速度上坡,经 5s 自行车速度降为 4m/s,求自行车的加速度.

4. 一辆汽车在启动过程中,以 5m/s^2 的加速度加速,速度迅速增为 10m/s,汽车启动过程所需时间是多少?

5. 一列火车出站后,以 0.02m/s^2 的加速度行驶 5min 后,速度达到 15m/s,求火车原来的速度.

B

一、选择题

1. 在下列情况下,可以把物体看作质点的是　　　　　　　　　　　　　　　（　　）

    A. 研究地球的自转　　　　　　　　　　　　B. 计算砂轮每分钟的转数

    C. 对跳水或体操运动员的裁判　　　　　　　D. 求轮船从南京到上海的航行速度

    E. 观看百米运动员的赛跑

2. 下列说法中,指出哪些是即时速度　　　　　　　　　　　　　　　　　　（　　）

    A. 百米运动员以 10m/s 的速度起跑

    B. 炮弹以 600m/s 的速度从炮口射出

    C. 炮弹在炮筒内速度达到 600m/s

    D. 某同学从家到学校骑自行车的速度是 15m/s

3. 下列情况下,哪些运动位移为零　　　　　　　　　　　　　　　　　　　（　　）

    A. 轮船从上海到青岛

    B. 某人从家出发,旅游 5d 后回到家中

    C. 一人从一楼到五楼

笔记栏

D. 一人在平直的公路上走了100m,他又返回来行走20m

E. 运动员在圆形跑道上跑了一圈

4. 在下列运动中,位移的大小就是路程的是　　　　　　　　　　　　　（　　）

  A. 变速直线运动中　　　　　　　　　　　B. 匀速直线运动中

  C. 单方向直线运动中　　　　　　　　　　D. 加速直线运动中

5. 下列几种情况下,对它们的位移或路程进行正确选择

（1）皮球从离地面3m高处落下,又从地板上弹起,在1m高处被接住,它所通过的位移大小为　　　　　　　　　　　　　　　　　　　　　　　　　　　　　　　　　　　（　　）

（2）某人先向北走了300m,又向东走了400m,他发生的位移为　　　　　　　　（　　）

（3）某人向东走了200m,又向西走了250m,他发生的位移为　　　　　　　　　（　　）

（4）轮船向北行驶了5.0km,又向西行驶4.0km,它的路程为　　　　　　　　　（　　）

  A. 50m　　　　　　　B. 500m　　　　　　　C. 9.0km　　　　　　D. 2m

6. 计算下列几种运动情况下的平均速度

（1）某同学用40s的时间沿周长为400m的圆形跑道跑了半圈,他的平均速度是　（　　）

（2）某男生以5.0m/s的速度跑步100s,然后以1.0m/s的速度步行100s,他的平均速度是
  　　　　　　　　　　　　　　　　　　　　　　　　　　　　　　　　　　　（　　）

（3）某女生先以5.0m/s的速度跑了100m,然后以1.0m/s的速度步行100m,她的平均速度是　　　　　　　　　　　　　　　　　　　　　　　　　　　　　　　　　　　（　　）

  A. 10m/s　　　　　　B. 1.67m/s　　　　　C. 5m/s　　　　　　D. 2.5m/s

  E. 3m/s

7. 关于速度和加速度的关系,下述正确的是　　　　　　　　　　　　　　　（　　）

  A. 物体的速度越大,加速度也越大　　　　B. 物体的速度变化越大,加速度越大

  C. 物体的速度变化越快,加速度越大　　　D. 物体的加速度为零,速度也为零

  E. 物体加速度的方向,就是物体运动的方向

8. 关于质点运动的平均速度、即时速度,下列说法正确的是　　　　　　　　（　　）

  A. 平均速度一定大于即时速度　　　　　　B. 平均速度一定小于即时速度

  C. 平均速度等于初速度与末速度之和的平均值　D. 平均速度与即时速度无关

  E. 平均速度可大于或小于即时速度

9. 以下有关即时速度v、速度的改变量Δv和加速度a的说法,错误的是　　　　（　　）

  A. v为零时,Δv可能不为零,a也可能不为零　B. v不变时,a不一定为零

  C. v不变时,a一定为零　　　　　　　　D. v不断变大时,a可以不变

10. 加速直线运动中,关于加速度的方向说法正确的是　　　　　　　　　　（　　）

  A. 总是与平均速度的方向相同　　　　　　B. 总是与位移的方向相同

  C. 总是与初速度的方向相同　　　　　　　D. 总是与末速度的方向相同

二、计算题

1. 一辆汽车在第1秒内通过3m,在第2秒内通过5m,在第3秒内通过7m,求最初2s内和全部运动时间内的平均速度.

2. 一辆救护车沿平直的公路作变速运动,前一半路程速度是10m/s,后一半路程的速度是15m/s,那么整个路程中的平均速度是多少?

3. 一辆汽车以36km/h的速度行驶,司机看到交通红灯立即刹车,汽车开始减速运动,加速度的大小是5.0m/s^2,求从刹车到停下来所需时间.

4. 骑自行车的人以3.0m/s的速度开始下坡,在下坡路上获得8cm/s^{2}的加速度,加速10s后,他的速度变为多少?

5. 在平直的公路上,一辆汽车以0.5m/s^{2}的加速度加速行驶了10s,速度达到15m/s,汽车

原来的速度是多大?

6. 一列火车以 13m/s 的速度开始上直坡,为了增大牵引力,火车以大小为 1.0m/s² 的加速度减速前进,经 10s 后,火车的速度变多大?

第 2 节　力

一、力　几种常见的力

(一) 力

说一说

人类对力的认识经历了怎样的过程?

力的概念　人们最初对力的认识是从日常生活和生产劳动中来的.用手推动小车、提起书包、拉长或压缩弹簧时,肌肉会感到紧张,我们就说人对小车、书包、弹簧用了力,施力者是人,受力者是小车、书包、弹簧;同时,我们也感觉到小车向反向推手、书包向下拉手、弹簧向反向拉手,不难说明小车、书包、弹簧对人也施加了力,施力者是小车、书包、弹簧,受力者是人.不仅人与物体之间能发生力的相互作用,物体与物体之间也能发生力的相互作用,如机车牵引列车前进,机车对列车施加了力;同时,列车对机车也施加了力.总之,**力是一个物体同另一个物体间的相互作用**.一个物体受到力的作用,一定有另一个物体对它施加这种作用,只要有力发生,就一定有施力物体和受力物体同时存在.所以说,**力是不能离开施力物体和受力物体而独立存在的**.

想一想

力作用在物体上,会使受力物体产生什么效果呢?

力的作用效果　用力推小车,小车受到力的作用就会从静止开始运动;关闭了发动机的汽车,受到车轮跟地面的摩擦力和空气阻力,速度会逐渐减小,直至停下来;羽毛球运动员击迎来的球后,羽毛球的运动方向发生了改变.这些例子说明,力使物体的运动状态发生了变化.用力拉伸或压缩弹簧,弹簧就伸长或缩短;锻锤锻打工件,工件的形状会发生变化.大量事实说明:**力的作用效果,是使受力物体的运动状态发生变化或使受力物体的形状和体积发生变化**.

议一议

力的作用效果跟哪些要素有关系,你能举例说明吗?

力的图示　力对物体的作用效果与力的大小、方向和作用点有关,通常把力的大小、方向和作用点,称为力的三要素.力是有大小和方向的物理量,所以**力是矢量**.

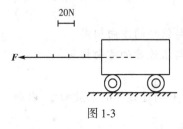

图 1-3

矢量可以用有向线段来表示.在分析力学问题时,为了直观地说明力的作用,用有向线段表示力.线段按一定比例画出,它的长短表示力的大小,箭头的指向表示力的方向,箭头或箭尾表示力的作用点,这种表示力的方法,叫做力的图示.

图 1-3 的有向线段表示作用在小车上 100 牛顿的力.

国际单位制中,力的单位是牛顿(符号是 N),简称牛.

想一想

在初中我们已学过了哪些力? 这些力的名称大多是根据力的作用效果来命名的,如果从物体之间的作用方式不同,对力进行重新归类和命名,它们分别叫什么力?

(二) 重力　弹力　摩擦力

重力　由于地球的吸引而使物体受到的力叫做**重力**,重力也常叫做重量.重力的方向,总是竖直向下的,其大小为

$$G = mg \qquad (1-3)$$

可见,质量和重量是两个有密切联系的物理量,但他们是完全不同的两个物理量.物体的质量是表示物体中含有物质的多少,又是物体惯性大小的量度,质量是没有方向的,是标量.重量不但有大小,还有方向,是矢量.

弹力 平直的木条在力的作用下会弯曲;弹簧受力会伸长或缩短,像这样物体在力的作用下发生形状或体积的改变,叫做形变.物体受力后发生形变,有的明显,有的不明显.事实上,任何物体受到任意小的力作用时,都要发生形变,不发生形变的物体是不存在的.

在外力作用下,发生形变的物体,在除去外力后,能够恢复原状的形变,叫做**弹性形变**.物体发生弹性形变是有条件的,如果作用力超过一定限度,即使撤去外力,物体也不能恢复原状,这个限度叫做弹性限度.从本节起,以后再谈到的形变,一律指弹性形变,简称形变.

◀ 观察 探究 ▶

拿一根细竹片,拨动水中的木头,可以看到竹片开始弯曲,木头也移动(图1-4).这说明弯曲形变的细竹片在恢复原状时对跟它接触的圆木施加了力的作用,可以把圆木推开;发生形变的跳板在恢复原状时对使它形变的运动员施加了力的作用,可以把运动员弹起来(图1-5).**发生形变的物体,恢复原状时对使它形变的物体(或跟它接触的物体)产生力的作用,这种力叫做弹力.**

图1-4 被弯曲的竹片把圆木推开   图1-5 发生形变的跳板把运动员弹起

显然,只有在物体间直接接触,并发生形变时,才能产生弹力,因此弹力是一种接触力.

如图1-6(a)所示,把物体放在桌面上,物体压桌面,桌面发生形变,发生形变的桌面要恢复原状而产生向上的弹力,即桌面对物体的支持力,支持力 N 的方向垂直于支撑面并指向被支持的物体.图1-6(b)所示,物体拉紧绳,发生形变的绳要恢复原状而产生向上的弹力,即绳对物体的拉力,拉力 F 的方向指向绳收缩的方向.

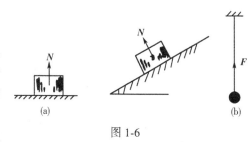

图1-6

弹力的大小跟形变的大小有关系,在弹性限度内,形变越大,弹力越大;形变越小,弹力越小,形变消失,弹力也随之消失.弹力的方向:与物体形变的方向相反.

摩擦力 摩擦力是日常生活和生产中普遍存在的,它是在相互接触的物体有相对运动趋势或者作相对运动时,在两物体接触面处产生的.

◀ 观察 探究 ▶

如图1-7,有两个物体 A 和 B 相互接触,A 受到外力 F 的作用.当 F 较小时,物体 A 并不动,根据我们在初中学过的二力平衡的知识知道,物体 A 除了受到外力 F 作用外,还受到另一个阻碍它运动的作用力,这个力就是物体 B 对物体 A 的摩擦力 f,这时的摩擦力叫做**静摩擦力**.外力 F 跟静摩擦力 f 大小相等,方向相反,同时作用在物体 A 上,所以物体 A 保持静止.外力逐渐增大

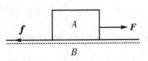

图1-7　物体A受到的
摩擦力f的方向

时,静摩擦力也随着增大,但当外力达到某一数值时,物体A开始滑动,这说明静摩擦力增大到某一数值后就不再增大.这时静摩擦力达到最大值,叫做**最大静摩擦力**,用f_m表示.

当外力的大小超过最大静摩擦力f_m时,物体间有相对滑动,滑动过程中所产生的摩擦力叫做**滑动摩擦力**.实验证明:滑动摩擦力的大小f跟物体间的正压力N的大小成正比,即

$$f = \mu N \tag{1-4}$$

式中,μ是比例常数,叫做滑动摩擦系数,它的大小随着摩擦面的材料不同而不同,还跟接触面的粗糙程度有关.表1-1是几种物体间的滑动摩擦系数.

表1-1　几种材料间的滑动摩擦系数

材　料	滑动摩擦系数	材　料	滑动摩擦系数
钢-钢	0.25	钢-冰	0.02
木-木	0.30	皮革-铸铁	0.28
木-金属	0.20	橡皮轮胎-路面(干)	0.71
木头-冰	0.03	润滑的骨关节	0.003

摩擦力的方向永远跟接触面相切,跟物体间的相对运动趋势相反,或者跟物体间相对运动的方向相反.总是阻碍物体间的相对运动.

肌肉、骨骼的力学性质

胡克定律:　　　　　　　　　　　　$f = -kx$

式中f为弹簧弹力;x为弹簧伸长(或压缩)的长度;k叫做弹簧的劲度系数,单位是牛/米,它和弹簧的材料、形状、粗细等有关.负号表示弹力的力向和形变方向相反.

物体的弹性决定于本身的结构.生物材料肌肉、骨骼多数是由非结晶体物质构成.对于肌肉组织,其弹性与弹簧不同,肌肉受力情况下不服从$f = -kx$的关系,其伸长量并不与外力成正比.在受到外力拉伸时,不仅肌肉分子本身可以伸长,而且分子之间也容易滑动,当外力逐渐增大时,其长度的增加程度将逐渐降低,它可以伸长到原有长度的一倍,具有橡皮类似的性质,只要它没有被撕裂或拉断,在外力消失后都能逐渐恢复原状,而不是立即恢复到原来的长度.对于骨骼这种复合材料,它由骨细胞、有机物骨胶原纤维和无机物羟基磷灰石构成.羟基磷灰石占骨重量的2/3,它使骨具有坚固性,骨胶原纤维使骨具有弹性和韧性,二者相结合大大增强了骨的强度和硬度,使骨具有坚固性,因而骨虽不重,却能承受各种形式的应力.新鲜的股骨可以承受400kg的压力.在外力作用下,骨比花岗石还坚硬25倍.

▶练习◀

A

一、填空题

1. 力是_____同_____的_____作用.足球运动员踢球时,人对球施加了作用力,_____是施力物体,_____是受力物体;同时,_____对_____也施加了作用力,_____是施力物体,_____是受力物体,所以说,力离不开_____而独立存在.

2. 用力的图示法表示力的三要素时,力的大小用_____表示,它是按照_____画出来的;力的方向用_____表示;力的作用点用_____表示.

3. 力作用在物体上产生的效果:①_____.②_____
_____.

4. 形变指_____._____的形变叫做弹性形变.

5. 重力产生的方式是_____.它的大小为_____,方向_____.

6. 质量与重量(重力)的区别是_____.

7. 弹力产生的方式是_____.它的大小跟_____有关,形变越大,弹力_____;形变越小,_____也越小.弹力的方向_____.

8. 惯性大小的量度是_____,质量越小,惯性_____;质量越大,惯性_____.

9. 静摩擦力产生的方式是_____.它的大小_____,方向_____.

10. 滑动摩擦力产生的方式是_____.它的大小 f=_____,方向_____.

二、问答题

1. 受到重力的物体跟地球表面必须接触吗? 发生了弹力、摩擦力的物体之间相互接触吗?

2. 试解释初中所学的压力、支持力、拉力实质都是弹力.

三、画图题

用力的图示法把下面的力表示出来,说明施力物体和受力物体.

1. 小孩用5N竖直向下的力拉弹簧.

2. 放在桌子上的书重2N.

3. 用绳子向左上方拉物体,绳子与地面成45°角,所用的拉力是700N.

4. 沿水平地面向右移动的木箱受到10N的阻力.

B

一、选择题

1. 关于惯性,下列说法正确的是   (   )

   A. 汽车加速时比静止时的惯性大

   B. 两个物体以相同的速度匀速运动时,它们的惯性一样大

   C. 物体在水平桌面上运动时,若桌面越光滑,则物体滑行的距离越远,可见,当物体受摩擦力越小时,惯性越大

   D. 同一辆汽车在载货时,比空载时惯性大

   E. 只有当物体的运动状态发生变化时,物体才有惯性

2. 关于形变,下列说法中不正确的是   (   )

   A. 如果我们眼睛看不见形变,就说明没有发生形变

   B. 自然界中的物体,有的永远不会发生形变

   C. 物体受力较小时,不发生形变,物体受较大的力时,才会发生形变

   D. 所有物体,只要受力都会发生形变

3. 下列说法中正确的是   (   )

   A. 静止在水平桌面上的物体所受支持力的施力物体是桌面

   B. 不相互接触的物体之间不会产生力的作用

   C. 力的作用点不同,产生的效果往往不一样

   D. 汽车停止在地面上不动,就没有受到力的作用

   E. 力能离开物体而独立存在

4. 关于弹力,下列说法不正确的是   (   )

   A. 弹力就是弹簧受到的作用力

　　B. 相互接触的物体间不一定有弹力

　　C. 一本书放在桌面上,由于观察不到桌面发生形变,故桌面与书之间无弹力

　　D. 弹力的方向就是物体发生形变的方向

　　E. 弹力产生在直接接触而发生弹性形变的物体之间

　　F. 弹力的方向总是跟接触面垂直

5. 关于摩擦力,下列说法正确的是 （　　）

　　A. 摩擦力总是发生在相互接触的物体接触面之间

　　B. 物体静止一定受静摩擦力的作用

　　C. 物体运动一定受到滑动摩擦力的作用

　　D. 受到静摩擦力作用的物体,一定不会同时受到滑动摩擦力的作用

　　E. 摩擦力的方向总与物体运动的方向相反

二、画图题

1. 画出图 1-8 中物体 A 受到的重力.

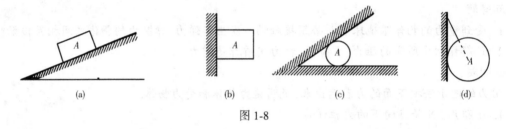

(a)　　　　　　　(b)　　　　　　　(c)　　　　　　　(d)

图 1-8

2. 画出图 1-9 中 A 物体受到的弹力.

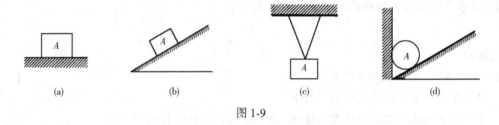

(a)　　　　　　　(b)　　　　　　　(c)　　　　　　　(d)

图 1-9

二、共点力的合成与分解　牛顿运动定律

（一）共点力的合成与分解

议一议

　　在大多数实际问题中,常常有这样的情况:原来由两个人提的重物,可以由一个人提,用两根绳悬挂起来的重物,也可以用一根绳子悬挂起来,这说明前两个力共同作用的效果与后一个力的作用效果相同.如果一个力作用在物体上产生的效果跟几个力共同作用的效果相同,这一个力叫做那几个力的**合力**,而那几个力都叫做这一个力的**分力**.既然效果等效,可以推断合力与分力之间肯定有一定的关系,这种关系遵从什么规律呢?

　　如果几个力作用于物体的同一点或它们的作用线相交于一点,我们就把这几个力叫做共点力,现在我们来学习共点力的合成与分解法则.

　　力的合成　求已知几个力的合力,叫做力的合成.

◀ **演示** ▶

　　下面通过实验来研究两个共点力的合成.

笔记栏

　　图 1-10(a)表示橡皮条 GE 在力 F_1 和 F_2 的共同作用下,伸长了 EO;图 1-10(b)表示撤去

F_1 和 F_2,只用另一个力 F 作用在橡皮条上,使橡皮条沿着相同的方向,伸长相同的长度.显然,力 F 对橡皮条产生的效果,跟 F_1、F_2 共同作用时产生的效果相同,所以力 F 是力 F_1、F_2 的合力,F_1、F_2 都是 F 的分力.

想一想

合力 F 跟分力 F_1 和 F_2 有什么关系呢?

◀ **探究** ▶

在力 F_1、F_2 和 F 的方向上各作有向线段 OA、OB 和 OC,根据选定的标度,使 OA、OB 和 OC 的长度分别表示 F_1、F_2 和 F 的大小[图 1-10(c)],连接 AC 和 BC,可以看到,$OACB$ 是一个平行四边形,OC 是它的对角线.

改变力 F_1 和 F_2 的大小和方向,重做这个实验,仍得到相同的结论.

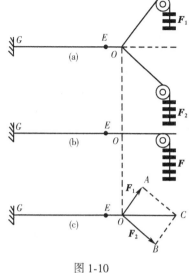

图 1-10

由此可见,**两个互成一定夹角的共点力的合力,可以用表示这两个力的有向线段为邻边作平行四边形,其对角线的长度和方向就是所求合力的大小和方向.**这个法则称为力的平行四边形法则.

用共点力合成作图法可知,合力的大小除与分力的大小有关外,还与两个分力间的夹角有关.如图 1-11 所示为 F_1 和 F_2 的大小不变,其夹角 α 不等时的几种情形.

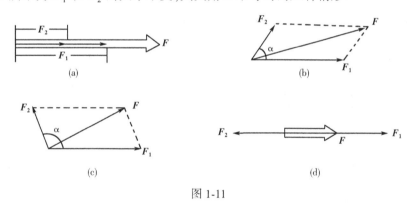

图 1-11

(1)夹角 α 越小,合力 F 越大.当夹角为 $0°$ 时,两个分力同向,它们的合力最大,其合力的大小等于两分力大小的和,合力的方向跟两分力的方向相同.

(2)夹角 α 越大,合力 F 越小.当夹角等于 $180°$ 时,两个分力方向相反,它们的合力最小,其合力的大小等于两分力大小之差,方向跟较大分力的方向相同.

◀ **评注** ▶

平行四边形法则不仅适用于力的合成,而且也适用于其他矢量的合成,如位移、速度、加速度等的合成.

力的分解 求一个已知力的分力,叫做力的分解.

在许多实际问题中,常常需要求出一个力的分力.力的分解是力的合成的逆运算,同样遵守平行四边形法则.把一个已知的力作为平行四边形的对角线,与已知力共点的平行四边形的两个邻边,就是这个已知力的两个分力.

想一想

一个已知力究竟该怎样分解呢?

这就要具体考虑这个**力产生的效果**.一般常有以下两种情况:

1. 已知两个分力的方向,求两个分力的大小.
2. 已知一个分力的大小和方向,求另一个分力的大小和方向.

▶示范◀

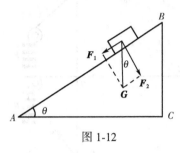

图 1-12

[**例题 1-4**]　如图 1-12 所示,把重力为 **G** 的物体放在倾角为 θ 的斜面上,求重力的两个分力.

　　解: 在斜面上的物体,它受到的重力 **G** 会产生两种效果,即一方面使物体沿斜面下滑,另一方面使物体压紧斜面.因此,重力 **G** 分解成如下的两个分力:平行于斜面使物体下滑的分力 **F₁** 和垂直于斜面使物体紧压斜面的分力,即正压力 **F₂**,则

$$F_1 = G\sin\theta$$
$$F_2 = G\cos\theta$$

　　答: 重力的一个分力 **F₁**,方向沿斜面向下,大小为 $F_1 = G\sin\theta$;另一个分力 **F₂**,方向垂直于斜面斜向下,大小为 $F_2 = G\cos\theta$.

　　由此可见,物体的重力 **G** 之所以分解为下滑力 **F₁** 和正压力 **F₂**,是由于物体处在斜面上的具体情况决定的.在解决具体问题时,究竟是怎样分解一个已知力,必须从实际情况出发,根据它产生的效果来分解它.

力学知识在医疗上的应用

　　在医护工作中常常应用力的知识帮助治疗.如对颈椎骨质增生,施用颈部牵引治疗效果较好(图 1-13).对于骨折患者,外科常用一定大小和方向的力牵引患部来平衡伤部肌肉的回缩力,有利于骨折的定位康复(图 1-14).

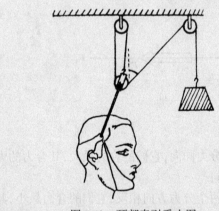

图 1-13　颈部牵引受力图

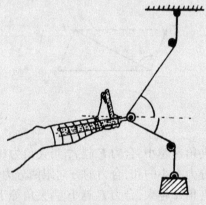

图 1-14　对抗伤部肌肉回缩力牵引图

(二) 牛顿运动定律

想一想

　　自然界里的运动多种多样,物体是怎样运动起来的? 力和物体运动的关系是怎样的?

　　人类对这些问题的了解一直是模糊不清的.直到 17 世纪末,英国科学家牛顿在伽利略等前人研究的基础上,并根据自己的研究,系统地总结了力学的知识,提出了三条运动定律,才从理论上阐明了力和运动的本质关系.

◀回顾 拓展▶

牛顿第一定律 牛顿第一定律是我们在初中物理学习中学过的.它表明:**物体没有受到外力作用时,总保持原来的静止状态或匀速直线运动状态**.物体的这种保持原来的静止状态或匀速直线运动状态的性质叫做**惯性**.牛顿第一定律又叫做惯性定律.

我们知道,当汽车突然开动时,乘客的身体向后倾倒,这是因为汽车已经开始前进,乘客的下半身随车前进,而上半身由于不受力还要保持原来的静止状态的缘故.当汽车突然停止时,汽车里的乘客会向前倾倒,这里由于乘客的下半身随汽车已经停止,而上半身不受力还要以原来的速度前进的缘故.一切物体都具有惯性,物体的运动并不需要力来维持.惯性是物体的固有性质,不论物体处于什么状态,都具有惯性.

从牛顿第一定律知道:物体没有受到外力作用时,将保持静止或匀速直线运动状态,即速度的大小和方向都保持不变.因此,可以推知,如果物体速度的大小或方向发生改变,那一定是受到力的作用的结果.而物体速度的大小或方向发生改变时,又说明物体具有加速度.因此,我们得到结论:**力是使物体产生加速度的原因**,所以,牛顿第一定律使我们对力的概念有了进一步的理解.

想一想

既然力是使物体产生加速度的原因,那么物体获得的加速度跟物体所受的力的大小及物体质量间的关系究竟如何呢?

◀探究▶

牛顿第二定律 如果用大小不等的力先后推同一辆车时,车运动的快慢是不一样的.力大则车的速度增加得快,获得的加速度大;力小则车的速度增加得慢,获得的加速度小.可见物体的加速度与它受到的力的大小有关.实验证明,物体加速度的大小跟受到的外力成正比.表示为

$$a \propto F$$

如果用相同的力先后推质量不同的车,比如一辆空车和一辆装满货物的重车,空车质量小,速度增加得快,获得的加速度大;重车速度增加得慢,获得的加速度小.可见物体的加速度跟物体质量的大小也有关系.实验证明,物体的加速度跟物体的质量成反比.表示为

$$a \propto \frac{1}{m}$$

◀归纳▶

根据上面的研究,我们对力、质量和加速度的关系得到下述结论:

物体受到外力作用时,获得的加速度 a 的大小跟所受的外力 F 成正比,跟物体的质量 m 成反比,加速度的方向跟外力的方向相同,这就是牛顿第二定律.

牛顿第二定律写成分式就是

$$a \propto \frac{F}{m} \quad \text{或} \quad F \propto ma$$

上式写成等式为 $F = kma$,k 是比例系数,它取决于 F、m、a 的单位,在国际单位制中,使质量为 1kg 的物体产生 1 米/秒² 的加速度的力为 1 牛顿(N),即 1 牛顿 = 1 千克·米/秒²,这样,得到 $k=1$,上式写成:

$$F = ma \qquad (1\text{-}5)$$

◀评注▶

1. 加速度的大小跟外力成正比,只有在质量不变的条件下才成立;同样,在作用力不变的

条件下,才能说物体的加速度跟质量成反比.

2. 当几个力同时作用在物体上时,式(1-5)中的 **F** 是这几个力的合力,这时加速度 *a* 的方向跟合力的方向相同.

3. 牛顿第二定律告诉我们,只有受到外力作用,物体才有加速度,外力停止作用,加速度随即消失.如果物体受到几个力的合力等于零,则 *a* = 0 时,这时物体将保持匀速直线运动状态或静止.这与牛顿第一定律推出的结论是一致的.

牛顿第二定律使我们对质量的概念有了进一步的认识,根据牛顿第二定律,相同的外力作用在质量不同的物体上,质量大的物体产生的加速度小,它的运动状态难以改变,我们说它的惯性大;质量小的物体产生的加速度大,它的运动状态容易改变,我们说它的惯性小.因此,**质量是物体惯性大小的量度**.

◀ 示范 ▶

[例题 1-5] 质量为 20kg 的护士推车,若在水平方向上受到一推力作用,推车得到的加速度为 0.2m/s²,求推力.

解:已知 $m = 20\text{kg}, a = 0.2\text{m/s}^2$

由式(1-5)得 $F = ma = 20 \times 0.2 = 4(\text{N})$

答:推力为 4N.

说一说

日常生活中,如船上的人用竹篙给河岸一个推力,同时河岸也给竹篙一个反向推力把小船推离河岸;坐在椅子上推桌子,会感到桌子也在推我们,我们的身体要向后移.所以,相互作用的两个物体之间存在一对力,我们把其中的一个力叫作用力,另一个力就是这个力的反作用力.这两个相互作用的力之间的关系如何呢?

◀ 演示 ▶

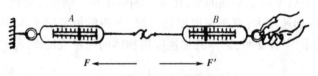

图 1-15 作用力和反作用力实验

从图 1-15 实验可以清楚地看出,用手拉钩在一起的弹簧秤,看到两个弹簧秤的读数总是相等,手一松开指示都为零.

牛顿第三定律 实验结果表明:**两个物体之间的作用力和反作用总是大小相等,方向相反,作用在一条直线上**.

◀ 评注 ▶

1. 作用力、反作用力分别作用在不同的物体上,故二者永远不平衡,不能互相抵消.

2. 作用力与反作用力总是同时产生,同时消失.

3. 对于每个作用力必有唯一的一个等值反向的反作用力,二者总是成对出现.

4. 作用力和反作用力是一对同性质的力,即作用力是吸引力、弹力、摩擦力,那么反作用力也必定是吸引力、弹力和摩擦力.

牛顿第三定律在生活和生产中应用很广泛.人走路时,脚尖给地面一个向后的作用力,地面也就同时给脚一个向前的、大小相等的反作用力,使人前进.游泳、划水、跳远、汽车启动行驶等都是作用力与反作用力应用的实例.

笔记栏

牛顿运动定律在医学中的应用

牛顿第一定律可以帮助医护工作人员认识病人的生理现象.老年人和体弱者由蹲位突然站起来,体内血流由于惯性相对下流,而致使头脑血压有所降低;由站立突然蹲下去,体内血流由于惯性相对上流,致使头脑血压略有升高.这两种体位的突然变化常有眩晕感甚至两眼发黑现象发生,尤其对于患有心脑血管疾病者,可能引起大脑出血等严重病症,值得预防和警惕.

牛顿第二定律可以使我们认识心力衰竭的病人血液循环障碍的原因.人体内血液能循环流动,就是以心肌的收缩力作为动力的,这个动力使血液从心脏中以一定的加速度射入血管里流动.如果心力衰竭,心肌收缩力下降甚为零时,血液从心脏射出的加速度也就降低甚至为零,血液循环运动便发生障碍甚至停止.

在医学护理中移动病人,协助病人移动床头时,让病人仰卧屈膝,双手握住床杆,双脚向床尾蹬踩,靠反作用力使病人移向床头.这就是牛顿第三定律在医护中的作用.

◀ 练习 ▶

A

一、填空题

1. 一个力作用在物体上,它产生的效果跟几个力共同作用的效果相同,就叫做_____的_____力,而_____就叫做_____的_____力.

2. 力的合成指_____;力的分解指_____.力的合成与分解都遵守_____法则,其内容是_____,这个法则也适用于_____等的合成与分解.

3. 有两个大小为10N和20N的共点力,它们的合力最大为_____N,最小为_____N.

4. 合力除跟两个分力的大小有关外,还跟_____有关,如果两个分力的大小一定时,那么合力随_____增大而_____,随_____减小而_____.

5. 乘火车时,有人把小球拴在一根细绳上,然后悬吊在行李架上.当小球向前摆动,火车作_____运动;当小球向后摆动,火车作_____运动;当小球不动时,火车作_____运动.

6. 患心脑血管疾病的人,若突然摔跤,体内血流由于_____相对上流致使脑血压_____,平时应注意预防.

7. 心力衰竭病人,由于心肌_____减弱,使血液从心脏射出的_____变小,则容易发生血液循环运动障碍.

8. 用手拍皮球,球与手之间的作用力是_____,反作用是_____.

9. 物体静止在地面上,此时地面对物体的支持力跟_____是一对平衡力,而地面对物体的支持力跟_____是一对作用力与反作用力.

10. 挂在绳子下端的物体处于静止状态,是因为_____的力与_____的大小相等,方向相反.

二、选择题

1. 物体的运动状态指 ( )
   A. 运动的快慢　　　 B. 运动的方向　　　 C. 速度的大小和方向
   D. 运动的加速度　　 E. 速度的改变量

2. 关于惯性,下列说法错误的是 ( )
   A. 惯性是物体的固有属性,跟物体是否运动、是否受到力的作用无关
   B. 一切物体在任何情况下都有惯性

C. 重物比轻物的惯性大

D. 只有运动状态改变时才有惯性

3. 关于合力,在两个分力大小不变的情况下,下列说法错误的是　　　　　　（　　）

　A. 两分力的夹角越小,合力越大　　　　　　B. 两分力的夹角越大,合力就越大

　C. 两个分力相垂直时,合力等于两分力之和　　D. 同向两分力的合力等于两分力之和

　E. 反向两分力的合力大小等于两分力之差,合力方向与较大的分力方向相同

4. 某人用力推一下静止的小车,车开始运动,继续用力推,车加速前进,可见　　（　　）

　A. 力是产生运动的原因　　　　　　　　　B. 力是维持运动的原因

　C. 力是改变物体运动状态的原因　　　　　D. 力是产生加速度的原因

5. 由牛顿第二定律 $F = ma$ 得 $m = \dfrac{F}{a}$,则　　　　　　　　　　　　　（　　）

　A. 物体的质量与合外力成正比

　B. 物体的质量与加速度成反比

　C. 物体的质量与合外力、加速度无关

　D. 质量只表示物体所含物质的多少,跟其他因素无关

6. 一个小球以 0.2m/s 的速度运动着,它所受合力为零,10s 后它的速度是　　　（　　）

　A. 0　　　　　　　B. 2m/s　　　　　　　C. 1m/s　　　　　　　D. 0.2m/s

7. 关于作用力与反作用力,下面说法正确的是　　　　　　　　　　　　　　（　　）

　A. 物体相互作用时,先产生作用力,后产生反作用力

　B. 作用力与反作用力大小相等,方向相反,作用在一条直线上

　C. 压力与支持力总是互为作用力和反作用力,因此,二者总是大小相等、方向相反

　D. 人能把车拉动,是因为人拉车的力大于车拉人的力

8. 天花板上用绳吊着一盏灯,其中是一对作用力与反作用力的是　　　　　　（　　）

　A. 灯受的重力和灯对绳的拉力　　　　　　B. 灯对绳的拉力和绳对灯的拉力

　C. 灯受的重力和绳对灯的拉力　　　　　　D. 灯受的重力和灯对地球的引力

三、问答题、计算题

1. 指出下列情形中的作用力与反作用力.

（1）铁锤打击钉子.

（2）脚踏楼梯上楼.

（3）人从船头跳向河岸.

（4）穿旱冰鞋,手用力推墙,就能滑动起来.

2. 大人和小孩互相对拉,往往小孩被大人拉过来,这是因为大人拉小孩的力大,小孩拉大人的力小,这种说法对吗? 为什么?

3. 吊车要吊起一个质量为 3.0×10^3 kg 的货箱,使这个货箱获得 0.2m/s² 的竖直向上的加速度,问需要多大的力?

4. 机车的牵引力是 1.58×10^5 N,这个牵引力使列车产生 0.10m/s² 的加速度,如果机车的牵引力减小到 1.46×10^4 N,列车的加速度是多大?

5. 一辆汽车空载时质量是 2000kg,在满载时质量是 4000kg,如果汽车发动机在空载时能使汽车产生 1.5m/s² 的加速度,那么满载时能使汽车产生多大的加速度?

B

一、选择题

1. 下面说法不正确的是　　　　　　　　　　　　　　　　　　　　　　　（　　）

　A. 合力一定大于分力

　B. 合力一定大于其中的一个分力

C. 合力可以比两个分力都大,也可以比两个分力都小

D. 合力一定小于分力

2. 牛顿第三定律说明了 （ ）

A. 任何作用力都离不开两个物体

B. 有一个反作用力,必有且只有一个作用力与之对应

C. 作用力是弹力,反作用力可以是吸引力、摩擦力等

D. 先产生作用力,随后才产生反作用力

3. 静止在光滑水平面上的物体,受到一个水平拉力,当力刚开始作用的瞬间,下面正确的说法是 （ ）

A. 物体同时获得速度和加速度　　　　B. 物体的速度和加速度都为零

C. 物体立即获得速度,但加速度仍为零　　D. 物体立即获得加速度,但速度仍为零

4. 物体所受的外力方向跟物体运动方向相同,但外力不断减小,直至减到零为止,则 （ ）

A. 加速度越来越小,速度越来越大

B. 加速度越来越小,速度越来越小

C. 当力减小到零时,加速度为零,速度也为零

D. 当力减小到零时,加速度为零,速度最大

5. 下列说法正确的是 （ ）

A. 当物体的运动速度等于零的时刻,合外力一定为零

B. 物体所受合外力的方向,与物体运动方向一致

C. 物体所受合外力越小,则速度也越来越小

D. 上面说法都不正确

二、画图题

1. 两个共点力间的夹角是90°,力的大小分别为90N和120N,试用作图法求合力的大小和方向.

2. 竖直向下的180N的力分解成两个分力,若其中一个分力在水平方向上,其大小等于240N,用作图法求另一个分力.

3. 一木箱受斜向上的拉力 **F** 作用,沿地面向前滑动,如果力 **F** 已知,且 **F** 跟地面的夹角是30°,试用作图法确定它的两个分力(只画定性的示意图).

三、问答题、计算题

1. 如果有三个或三个以上的共点力,它们的合力怎么求?

2. 已知一个力,如果没有任何限制,它的分力可以有多少对?

3. 牛顿第一定律中的"物体没有受到外力作用"的表达,是指物体真的不受任何力吗? 你对这句话如何理解?

4. 为什么说质量是惯性大小的量度?

5. 从牛顿第二定律知道,无论多小的力,都可使物体产生加速度,可是当你用力推放置于地面的重物时,它"纹丝不动"这种情况是否违背牛顿第二定律?

6. 一辆质量为500kg的汽车在平直的道路上行驶时牵引力是1670N,所受阻力980N,求汽车运动的加速度.

7. 一个原来静止的物体,质量是7kg,受到14N力的作用,运动5s后,它的速度是多少?

8. 水平面上质量为200kg的物体受到100N的水平拉力和50N的阻力,求物体的加速度.

9. 一辆速度为4.0m/s的自行车,在水平公路上滑行20s后停止,如果自行车和人总质量是100kg,自行车受到的阻力是多大?

10. 质量是100kg的物体,在一外力作用下从静止开始作加速运动,经过10s后,它的速度达到10m/s,求物体的加速度及外力的大小.

第 3 节 功 和 能

功　机械能

(一) 功

◀回顾▶

在初中学过,一个物体受到力的作用,如果沿力的方向发生一段位移,就说这个力对物体做了功.例如,起重机提升重物、人推车前进等,都是有力作用在物体上,而且物体在力的方向上发生了一段位移,我们就说它对物体做了功.

如果有力作用在物体上,但物体没有在这个力的方向上发生位移,我们就说这个力没有对物体做功.如一个人提着一桶水站着不动,虽然他用了力,但在力的方向上水桶没有发生位移,所以他对水桶没有做功;如果这个人将水桶从某一位置水平提到另一位置,在整个过程中,尽管他用了力,水桶也发生了一段位移,但是水桶的位移都不是沿着力的方向上的位移,因此,他对水桶也没有做功.在物理学中,**力和在力的方向上发生的位移**,是力对物体做功不**可缺少的两个因素**.已经学过,功 W 的大小等于力 F 跟物体在力的方向上发生的位移 S 的乘积,即 $W=FS$.

实际上,比较普遍的情况是物体的运动方向跟作用力的方向成某一角度 α,见图 1-16,这时的功又如何计算呢?

◀扩展▶

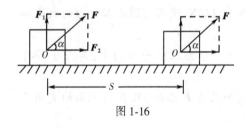

图 1-16

功的公式　我们可以把力 F 分解成两个分力:跟位移方向垂直的分力 F_1;跟位移方向一致的分力 F_2.设物体在力 F 作用下发生的位移大小是 S,显然,在力 F_1 的方向上没有发生位移,力 F_1 不做功,即 F_1 所做的功等于零;力 F_2 所做的功等于 F_2S.因此力 F 对物体所做的功是

$$W=F_2S$$

而

$$F_2=F\cos\alpha$$

所以

$$W=FS\cos\alpha \tag{1-6}$$

这就是说,**力对物体所做的功**,等于力的大小、位移的大小、力和位移之间夹角的余弦三者乘积.

功只有大小,没有方向,是一个标量.在国际单位制中,功的单位是焦耳(符号 J),即 1 焦耳 = 1 牛顿×1 米 = 1 牛顿·米,这样 1 焦耳就是 1 牛顿的力使物体在力的方向上发生 1 米的位移所做的功.

想一想

由式(1-6)已经知道,功的数值不仅与力的大小和位移的大小有关,而且还决定于力和位移之间的夹角.当夹角不同时,余弦函数 $\cos\alpha$ 有时是正值,有时是负值,因而功随之有时是正功,有时是负功.那么正负功的物理意义是什么呢?

正功　负功　下面根据式(1-6)讨论几种情况:

1. 当 $0°\leq\alpha<\dfrac{\pi}{2}$ 时,$\cos\alpha>0$,$W>0$,这时力对物体做正功,力起着推动物体使其加速前进的作用.例如,人拉车前进时,拉力对车做正功.

笔记栏

2. 当 $\alpha = \dfrac{\pi}{2}$ 时, $\cos\alpha = 0$, $W = 0$, 力对物体不做功.例如,汽车在水平路面行驶时,重力对汽车不做功.

3. 当 $\dfrac{\pi}{2} < \alpha \leq 180°$, $\cos\alpha < 0$, $W < 0$, 力对物体做负功,或者说物体克服外力做功,力起着阻碍物体使其减速前进的作用.例如,汽车刹车后,阻力对汽车做负功,汽车渐渐停下来.

◀ 示范 ▶

[例题 1-6] 小车在水平拉力为 1000N 的作用下,前进了 10m,拉力对小车做多少功? 如果拉力与车的前进方向夹角为 30°,拉力对小车做的功又是多少?

解:已知 $F = 1000\text{N}$, $S = 10\text{m}$, $\alpha_1 = 0°$, $\alpha_2 = 30°$

由 $W = F\cos\alpha$ 得

（1）$W_1 = F\cos\alpha_1 = 1000 \times 10 \times \cos0° = 10\,000$（J）

（2）$W_2 = F\cos\alpha_2 = 1000 \times 10 \times \cos30° = 8660$（J）

答:力与位移夹角为零度时,拉力做功 10 000J;夹角为 30° 时,拉力做功 8660J.

(二) 机械能

◀ 回顾 ▶

如果一个物体能对外界做功,即具有做功本领,我们就认为该**物体具有能量**.在初中已经学过机械能的概念,如流动的河水能够推动水轮机转动而做功;被压缩的弹簧放开时能够把物体弹开而做功;高处的夯锤下落时能够把木桩打进土里而做功.因此,流动的河水、被压缩的弹簧、高处的夯锤都具有能量.由于物体具有各种不同形式的做功本领,因而能也有各种不同形式,在中学我们只学了动能和重力势能,这两种形式的能总称为机械能.

想一想

物体的动能和重力势能的大小跟哪些因素有关呢?

动能 流动着的河水、流动着的空气（风）、飞行的子弹等运动着的物体能够做功,因而具有能量.像这种**物体由于运动而具有的能量叫做动能**.从经验知道,挥动着的锤子,质量越大,速度越快,那么当它打击钉子的时候,钉子钉入木头就越深,表明所做的功就越多,即锤子的动能大.可见,运动物体的动能跟它的质量和速度有关.它们之间的定量关系怎样呢?

由实验和数学推导得出:**物体的动能等于它的质量和速度的平方乘积的一半**.即

$$E_k = \frac{1}{2}mv^2 \tag{1-7}$$

动能是标量,只有正值.它的单位和功的单位相同,在国际单位制里都是焦耳.

一个质量为 10kg 的物体,运动的速度为 10m/s,它的动能:$E_k = \dfrac{1}{2} \times 10 \times (10)^2 = 500$（J）.

议一议

当我们用绳拉着小车在桌面上作加速运动时,小车的速度增加,小车的动能也增加了;当正在行驶的汽车突然刹车后,汽车受到阻力做减速运动直至停止,汽车的动能也减小直至为零.这就是说,外力对物体做正功时,物体的动能增加;外力对物体做负功（或物体克服外力做功）时,物体的动能减小.研究表明外力做功跟物体动能的变化总有这样的关系:$W = E_{k2} - E_{k1}$（E_{k1} 是物体原来的功能,E_{k2} 是物体后来的功能）.

重力势能 前面讲过,高处的夯锤下落时能够把木桩打进土里而做功,高山上瀑布落下时能推动水轮机转动而做功,因而夯锤、瀑布都具有能量.像这种**物体由于被举高而具有的能量叫**

做重力势能.经验告诉我们,夯锤的重量越大,把夯锤提得越高,它的做功本领就越大,即夯锤的重力势能越大.可见,物体的重力势能跟它的重力和离地面的高度有关.它们之间的定量关系如何呢?

由实验和数学推导表明:**物体的重力势能等于它的重量和高度的乘积**.

$$E_P = mgh \tag{1-8}$$

重力势能也是标量,它的单位和功的单位相同,用焦(J)表示.

一个质量为5kg的物体,在离地面10m高的地方,它对地面来说,重力势能 $E_P = 5 \times 9.8 \times 10 = 490$(J).如果以离地面2m高处来说,重力势能 $E_P = 5 \times 9.8 \times 8 = 392$(J).由此可见,重力势能 mgh 具有相对性,它总是相对于某一个平面来说的,这个平面的高度取作零,重力势能也是零,**这个平面叫做参考平面**.在研究问题中,可视情况的不同选择不同的参考平面.通常选择地面为参考平面,参考平面的势能为零,所以参考平面又叫零势能面.

议一议

当重力对物体做正功时,物体的高度减小,重力势能也减小;当重力对物体做负功(或外力克服重力对物体做功)时,物体的高度增加,重力势能也增加.研究表明,重力做功与重力势能的变化总有这样的关系:$W = E_{P_1} - E_{P_2}$(E_{P_1} 是物体原来的重力势能,E_{P_2} 是物体后来的重力势能).

机械能的转化和守恒定律 动能和重力势能是可以相互转化的.如竖直上抛的物体,在上升过程中随着高度逐渐增加,速度逐渐减小,物体的动能就转化成重力势能;在回落下降过程中,随着高度逐渐减小,速度逐渐增加,物体的重力势能转化为动能.**如果没有摩擦力和介质的阻力**,在任何一个物体的势能和动能相互转化过程中,物体总的机械能保持不变.这就是机械能守恒定律.

即

$$E_k + E_P = 恒量$$

它是最普遍的自然定律——能的转化和能量守恒定律的一种特例.实际上,摩擦力和介质阻力总是存在的,所以,物体的机械能往往不能守恒,而常转化成其他形式的能.其实,任何形式的能都可以相互转化,如光能、电磁能、化学能、原子核能等都可相互转化.在转化过程中,能量的总数保持不变.

人们以动植物为食物,食物在人体内经氧化分解,可转化为肌肉运动的动能、维持体温的热能及神经传导的电能等.这同样说明,我们既不能创造能量也不能消灭能量,它只能从一种形式转化为另一种形式,或由一个物体传给另一个物体.

◀ **练习** ▶

A

一、填空题

1. 功是由_____的大小和_____的大小及力和位移之间_____三者的乘积决定.公式为_____.功_____方向,是一个_____量.国际单位是_____,符号为_____.

2. 由公式 $W = F\cos\theta$,当 $\theta = 0°$ 时,$W =$_____,力对物体做_____功;$\theta = 90°$ 时,$W =$_____,力对物体_____功;$\theta = 180°$ 时,$W =$_____,力对物体做_____功.

3. _____的能,叫做动能.表达式 $E_k =$_____,它是_____量,国际单位是_____.

4. _____的能,叫做重力势能.表达式 $E_P =$_____,它也是_____量,国际单位也是_____.但重力势能具有_____性,在确定某一高度处物体的势能之前,必须先选择_____.

笔记栏

5. 在水平公路上匀速行驶的汽车共受_____个力的作用,其中_____力做正功,_____力做负功,_____力不做功.

6. 质量为0.1kg的子弹,以400m/s的速度从枪口射出,子弹离开枪口时动能是_____J.优秀短跑运动员的速度可以达到10m/s,他的质量是60kg,他的动能为_____J,比较一下,_____的动能较大.

7. 质量是10kg的物体位于离地面0.8m高的桌面上,这个物体相对地面的重力势能是`_____,相对于桌面的重力势能为_____.因为_____,所以同一位置处的物体却有不同的势能值.

8. 质量是1kg的物体,在距地面10m高处,此时其重力势能为_____,当它下落了6m时,它的重力势能为_____.

9. 如果外力对物体做正功,物体的动能将_____;如果外力对物体做负功(物体克服外力做功),物体的动能将_____.

10. 如果重力对物体做正功,物体的高度_____,重力势能_____;如果重力对物体做负功,物体的高度_____,重力势能_____.

11. 如果没有_____和_____,任何一个物体在_____和_____相互转化过程中,物体的_____与_____之和保持不变.

12. 自然界中的能量,我们既不能_____,也不能_____,它只能从_____转化为_____,或者由_____传给_____.

二、计算题

1. 在机场里用汽车牵引飞机前进,设牵引力是4000N,牵引杆跟水平面成30°夹角,牵引的距离是200m,求牵引力所做的功.

2. 波音"747"客机,质量约9×10^4kg,当上升至地面2×10^4m的高空时,它的飞行速度为5×10^3m/s,求飞机此时的动能和重力势能.

3. 起重机把重量是2×10^4N的货物从地面匀速提到8m处,起重机做功是多少?

4. 汽车在1.6×10^4N的牵引力作用下,在平直公路上通过1.0×10^3m的路程,求牵引力的功.

5. 质量为2.0×10^6kg的列车,平直行驶了1.5×10^3m的路程,所受的阻力为列车重量的0.01倍,求阻力对列车所做的功.

6. 拖拉机牵引一拖车前进了310m,牵引力是1000N,牵引力跟水平地面成60°角,牵引力对拖车所做的功是多少?

B

一、选择题

1. 下列过程中,做功的是　　　　　　　　　　　　　　　　　　　　　　　( )
    A. 运动员举起杠铃　　　　　　　　　B. 运动员举着杠铃在空中停留10s
    C. 人扛箱子在操场上走了一圈　　　　D. 汽车在平直的公路上匀速直线运动

2. 比较A、B两个物体的动能时,与下面说法有关的是　　　　　　　　　　( )
    A. 物体A的速度是B的2倍
    B. 物体A向西运动、物体B向东运动
    C. 物体A的质量是物体B的2倍
    D. 物体A沿直线运动,物体B沿曲线运动

3. 一物体在恒定的外力作用下,沿力的方向移动相同的位移,下面说法正确的是　( )
    A. 物体的质量越大,外力对物体做功越大
    B. 有摩擦力时,外力对物体做的功,比没有摩擦力时要大
    C. 物体运动速度越大,外力对物体做功越大

D. 以上说法都不对

4. 关于功,下列说法不正确的是 （　　）

  A. 力对物体做的功多,物体的位移一定大

  B. 作用在物体上的力越大,则做的功一定越多

  C. 作用在物体上的力越大,位移越大,则做的功一定越多

  D. 力的大小和物体位移都一定,力与位移间夹角越小做的功越多

  E. 力对物体不做功,物体一定没有位移

5. 下列说法正确的是 （　　）

  A. 甲物体的速度大于乙物体的速度,那么甲物体的动能一定大于乙物体的动能

  B. 甲物体的质量大于乙物体的质量,那么甲物体的动能一定大于乙物体的动能

  C. 甲、乙两物体的质量相同,甲物体的速度是3m/s,乙物体的速度是5m/s,那么甲物体的动能一定大于乙物体的动能

  D. 甲、乙两物体的质量不相同,速度也不相同,两物体的动能有可能相同

6. 关于重力势能的说法,错误的是 （　　）

  A. 重力势能等于物体所受的重力和它的高度的乘积

  B. 重力势能是相对的,但变化量是绝对的

  C. 重力对物体做正、负功时,物体的重力势能都必然减小

  D. 重力势能等于物体的质量、重力加速度和它相对参考面的高度的乘积

7. 关于动能的叙述,下列说法正确的是 （　　）

  A. 物体由于运动而具有的能,叫做动能

  B. 动能是矢量,因为它与速度有关

  C. 外力对物体做正功时,物体动能减小

  D. 物体克服外力做功时,物体动能增加

8. 质量是m_1和m_2的两个物体,它们的速度分别是v_1和v_2,若$m_1=2m_2$,$v_2=2v_1$,它们的动能之比$E_{k_1}:E_{k_2}$是 （　　）

A. 2   B. $\sqrt{2}$ C. 1

D. 1/2   E. 1:4

二、问答题、计算题

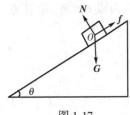

图1-17

1. 如图1-17所示,在斜面上向下运动的物体,受到重力G、支持力(弹力)N、摩擦力f的作用,试说明这几个力分别做什么功或不做功.

2. 画图讨论重力做功与重力势能的变化关系.

3. 一质量为2000kg的重锤,从高处工作5m处自由下落(各种阻力不计).

(1) 锤在5m高处的重力势能和动能各是多少?

(2) 重锤接触工作瞬时的重力势能和动能各是多少?

4. 竖直上抛物体的初速度是30m/s,若不计空气阻力,物体上升的最大高度是多少? （提示:取抛出点所在的水平面为参考面.）

第4节　液体的流动

液体和气体都没有一定的形状,可以自由流动,统称为流体.它们在流动过程中表现出的流动规律不但在航空、化工和制药等工程技术上有着广泛的应用,而且还可用它来了解、分析一些医学现象,如人体内部的血液循环等.

一、理想液体的流动

(一) 理想液体 稳流

想一想

实际液体的流动很复杂,影响其流动的因素也很多,为了使问题简化,是否也可以忽略次要因素,而突出其主要因素,像质点那样,在实际液体中抽象出一个理想模型,从而便于研究液体的流动呢?

理想液体 实际液体是可以被压缩的,但压缩性很小,例如水在10℃时,每增加一个大气压,体积只减少了原来体积的1/20 000.因此,液体的压缩性就是一个次要因素,可以忽略不计.液体的另一性质是黏性,它只是在液体作相对运动时才表现出来.关于黏性将在本节后面学到.有些液体(如甘油)黏性很大,但许多常见的液体(如水、乙醇)黏性却很小,因而黏性也可以作为次要因素忽略不计.我们把**绝对不可压缩和完全没有黏性的液体,叫做理想液体**.现在我们来研究理想液体的流动.

◀ 观察 思考 ▶

站在河岸上观察流得不太快的河水的流动,就能看到一些与液体运动有关的现象.为了能够更明显地看出水的流动,先撒一些能够漂浮在水面上或悬浮在水中的小物体,如树叶、木片等.

观察一 如果我们注意观察河水中的某一固定点,例如图1-18中的b点,就会发现,凡是漂流到b点的树叶,都以同样的快慢且沿着相同的方向离开b点.这一现象说明这些树叶附近的水的微粒,在流过b处时都有相同的速度,即水的微粒流过b处的速度不随时间而改变.类似的情况不仅在b点可以看到,在河中任何一个固定点都可以看到.

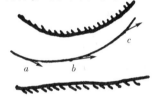

图1-18 观察河水的流动

稳流 液体流动时,如果液体微粒流过空间中的任何一个固定点时,速度不随时间而改变,这样的流动,叫做**稳定流动**,简称**稳流**.

显然,上面所讲的河水的流动,就是稳流.自来水管里的水流,从大蓄水池中流出来的水流,输液时吊瓶中药液的下流,也可以近似地看做是稳流.

观察二 在上面观察河水流动的例子中,如果不是注视空间里的某一个固定点,而是跟踪注视某一片树叶,那么我们就会发现它流动的快慢和方向都不是固定不变的,如图1-18树叶流过$a、b、c$…各点时,速度的大小和方向各不相同.这表明树叶附近的水微粒的速度在流动中改变了.

想一想

为什么有的地方水的微粒流速大,而有的地方流速小呢?

为了解决这个问题,我们先来研究液体在管中流动的情况.

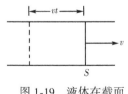

图1-19 液体在截面
为S的管中流动

连续性原理 如图1-19所示,不可压缩液体在粗细均匀的管中流动,如果在某一个横截面积是$S(m^2)$处,液体的流速是$v(m/s)$,那么t秒内在截面积S左方$vt(m)$以内的液体微粒都能通过这个截面,所以在t秒内通过该截面的液体的体积$V=S\cdot(vt)$.一般常把单位时间内流过某一横截面的液体的体积,叫做液体在该截面处的**流量**,用Q表示,即

$$Q = Sv$$

在国际单位制中,流量的单位是米³/秒(符号是 m³/s).

假使液体连续不断地沿着一根管子流过,如果液体是不可压缩的,并且从管子的侧壁既没有液体流入也没有液体流出,那么,在单位时间内流过任一个横截面的液体的体积一定是相等的.

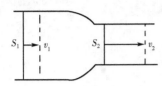

图1-20 液体的连续性原理

如图1-20所示,如果管子各部分的粗细不同,设v_1和v_2分别代表液体流过管中横截面为S_1、S_2处的速度,那么在同一水平管中:

$$Q = S_1v_1 = S_2v_2 = 恒量 \tag{1-9}$$

即**不可压缩液体在同一管中作稳定流动时,任意一处横截面积和该处液体流速的乘积,是一个恒量**.这一结论叫做理想液体的连续性原理,式(1-19)又称为**连续方程**.

根据连续方程,还可以得出在一根粗细不同的管子中,液体的流速与横截面积的关系,即

$$\frac{v_1}{v_2} = \frac{S_2}{S_1}$$

此式表明,**在稳定流动的情况下,同一管子里液体的流速和管子的截面积成反比**.如果管子各部分的粗细相同,那么流过各处的流速都相同.如果管子各部分的粗细不同,那么管子细的地方,截面小,流速大;粗的地方,截面大,流速小.流速和截面的关系是很容易观察到的,在一条河流中,河面窄、河底浅的地方水流得较快,在河面宽、河底深的地方水流得较慢.输液时针尖处药液的流速比吊瓶中药液的流速大得多,就是因为针尖处横截面积比吊瓶的横面积小得多的缘故.

◀ **示范** ▶

[**例题1-7**] 水在一根自来水管中流动,若在横截面积为$60cm^2$处的流速是$5m/s$,求在横截面积$30cm^2$处的流速是多少?

解:已知$S_1 = 60cm^2$,$S_2 = 30cm^2$,$v_1 = 5m/s$

由$S_1v_1 = S_2v_2$ 得 $v_2 = \dfrac{S_1v_1}{S_2}$

$$= \frac{60 \times 5}{30}$$

$$= 10(m/s)$$

答:横截面积为$30cm^2$处水的流速是$10m/s$.

血液循环过程中血液的流速是怎样变化的呢?

血液循环时也基本符合连续性原理.血液在主动脉中平均流速为$22cm/s$,流至毛细血管时,由于毛细血管总截面积约为主动脉面积的750倍,血流速度减慢,约为$0.05 \sim 0.1cm/s$,为主动脉流速的$0.2\% \sim 0.47\%$.当血液流入静脉时,总截面积逐渐减小,流速逐渐增大,流到上、下腔静脉时,血流速度已接近$11cm/s$左右.

(二) 液体流速和压强的关系

想一想

在粗细不均的管子里流动的液体,各处的流速不相同,那么各处的压强又怎样呢?

◀ **演示 分析** ▶

取一根粗细不均匀的水平管子,并在粗细不同的部分各接一根上端开口的竖直细管,如图1-21所示.当液体稳定流过时,我们看到,液体在各竖直细管中上升的高度是不同的:管子细的地方上升的高度比较低,管子粗的地方上升的高度比较高.

竖直细管下面的压强,等于细管中的压强与液面上部的大气压压强之和.竖直细管里的液柱高,表示这个细管下面的压强大;液柱低,表示这个细管下面的压强小.液体的流速是跟管子里的横截面积成反比的.所以,这个现象也就说明了:**理想液体在管中作稳定流动时,在管子粗的部分,流速小,压强大;在管子细的部分,流速大,压强小**.这个结论,也同样适用于气体.

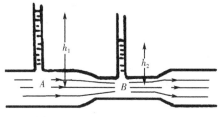

图 1-21 流速和压强的关系

试一试

利用理想液体的流动规律,解释现象或工作原理:

在图 1-22 所示的玻璃管 AB 的细窄处连接一个细管 CD,CD 管的下端 D 浸在容器 E 里,容器 E 内装有带色的水.把 AB 管接在自来水管上,AB 管里就有水流过.水的流速越大,压强越小,当流速大到一定数值时,AB 管的细窄部分的压强就变成小于大气压,这时容器 E 里带色的水上升,并且被原来在 AB 管里的流水带走.这种利用管道狭窄处流体流速大、压强小,从而将外部流体吸入的现象叫做**空吸作用**.

医药上常用的水流抽气机、雾化吸入器、喷雾器等都是利用空吸作用的原理设计的.

水流抽气机 图 1-23 为水流抽气机的示意图,当水从圆锥形管的细口 A 流出时,由于流速大,压强小于大气压,故能将空气由 O 管吸入,并经下面的管子由水流将空气带走.管 O 与被抽容器连接,因此容器中的空气逐渐被抽去.水流抽气机能够把被抽容器中的压强减压到1/10标准大气压,在制药操作中常用它来作抽滤和减压蒸馏.

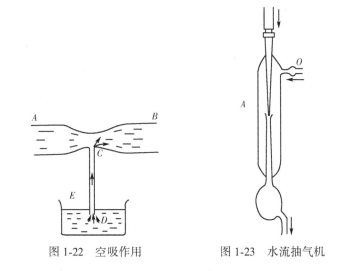

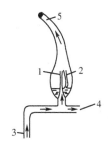

图 1-22 空吸作用　　　　图 1-23 水流抽气机　　　　图 1-24 雾化吸入器

雾化吸入器 如图 1-24 所示的雾化吸入器,是利用高速氧气自雾化器内管 1 喷出,由于流速大,管口附近压强减小,药液通过管 2 被吸出,当药液通过管口 2 时,遇到来自管口 1 的急速气流而把药吹成雾状,经过吸气管 5 进入患者的支气管与肺内.如用橡胶球式药物喷雾器时,只要压缩橡胶球,即可使药液喷出,而不必使用氧气.

◀ **练习** ▶

A

一、填空题

1. ＿＿＿＿＿＿＿＿＿＿＿＿＿叫做流体.液体包括＿＿＿＿＿＿＿和＿＿＿＿＿＿＿.
2. 理想液体与实际液体的区别是①＿＿＿＿＿＿＿＿＿＿＿＿＿＿＿＿＿＿＿.②

＿＿＿＿＿＿＿＿＿＿＿＿＿＿＿＿＿＿＿＿＿.

笔记栏

3. 稳流指_____.通常_____

_____的流动都可近似看做是稳流.

4. 流量指_____.表示为 $Q=$_____,国际

单位是_____.

5. 连续性原理指_____.方程式为__

_____,或表示为 $\dfrac{v_1}{v_2}=$_____.这个比式说明_____.

6. 理想液体在管径不同的水平管中稳流时,粗处的流速_____,压强_____;

细处的流速_____,压强_____.但流速和压强的关系却不是_____关系.

7. 输液时针尖处药液的流速比吊瓶中药液的流速_____,是因为吊瓶的

_____比针尖的_____的缘故.

8. 血液的流速在主动脉处为_____cm/s.自主动脉至毛细血管总截面积_____

_____,血流速度_____;在毛细血管处血流速度最慢,约为_____cm/s;自毛

细血管至腔静脉总截面积_____,血流速度_____;到上、下腔静脉,血流速度又

上升为_____cm/s.

9. 在一条河中,河面宽河底_____处,水流较慢;河面窄河底_____处,水流较快.

二、问答题、计算题

1. 在一条河的两个宽窄不同的地方,如果水流速度相同,试问这两处水的深度有什么

不同?

2. 在河里航行的船只,为什么总是被迫偏向邻近水流较急的地方?

3. 桌子放着两只乒乓球,相距约 1cm,如果用细口玻璃管向两球之间吹气,会发生什么

现象?

4. 设流量为 0.12m³/s 的水流过粗细不同的管子.细处的截面积为 60cm²,粗处的截面积为

100cm²,管子粗处和细处的流速各是多少?

5. 作稳流的液体,在截面积为 50cm² 处的流速是 20cm/s,在截面积为 20cm² 处的流速是

多大?

6. 截面积是 4m² 的水槽装有一个截面积是 10cm² 的导管,水以 2m/s 的速度通过这个导管

流出,那么槽内水面降低的速度是多少?

B

一、问答题

1. 简述水流抽气机和雾化吸入器的原理.

2. 图 1-25 中喷雾器,若用力向水平管里推气,空气从狭窄口 A 喷出,瓶中的药液就会沿细管 CB 升上来,并且在细管的上端被吹成雾状,这是什么原理?

二、计算题

1. 水平安装的自来水管,管子粗处的直径是细处直径的 2 倍.如果水在粗处的流速是 0.1m/s,它在细处的流速是多少?

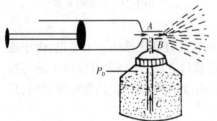

图 1-25 喷雾器

2. 液体在水平放置的三叉管内作稳定流动时(图 1-26),已知 A 管

截面积是 10cm²,B 管是 8cm²,C 管是 6cm²,A 管中液体的流速是 10m/s,

B 管中流速是 8m/s,求 C 管中的流速.

3. 静脉注射 40ml 葡萄糖溶液时,所用针筒截面积是 5cm²,而针尖

面积仅 0.5mm²,护士手推速度是 $0.25×10^{-3}$m/s,则葡萄糖溶液进入静脉

时的速度是多少?需要多少时间注射完?(提示:1ml=1cm³)

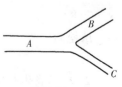

图 1-26

笔记栏

二、实际液体的流动

(一) 液体的黏性 泊肃叶定律

想一想

上面所述的是理想液体,没有黏性,但实际上任何液体都是有黏性的.那么什么是黏性呢?

◀ 演示 抽象 ▶

液体的黏性 在一根关闭了的滴定管中先倒入一些无色甘油,然后在它的上面再倒入一层着了色的甘油.当滴定管下边的活塞打开以后,甘油自由流下,经一段时间后,着了色的甘油逐渐变成舌形,如图1-27所示.这说明管中甘油各部分流动的速度不一致,在管的中央速度最快,越靠近管壁,甘油的流速越慢,和管壁接触的甘油附着在管壁上,速度几乎为零.相对中央对称的各部位的流速相同,这种流速分布结构意味着:实际液体是分层流动的,同一层液体的流速相同,不同层液体流速不同,如图1-28所示.液体的这种分层流动,称为**层流**或**片流**.

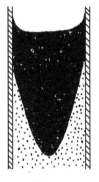

图 1-27

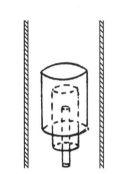

图 1-28 液体的分层流动

液体作层流时,相邻两液层作相对滑动,在它的各层界面上就要产生相互作用力,即速度大的一层给速度小的一层以拉力;速度小的一层给速度大的一层以阻力,这一对力叫做**内摩擦力**.相邻两液层由于内摩擦力的存在而具有相互牵制的性质叫做**液体的黏性**.

想一想

内摩擦力的大小跟哪些因素有关呢?

如图1-29,我们可以把黏性液体的流动看成是很多极薄的液层在流动,每层的速度各不相同,设相邻两层的速度差为 ΔV,两层间的距离为 ΔL,比值 $\dfrac{\Delta V}{\Delta L}$ 表示两液层之间单位距离上速度的变化,称为速度梯度,这个比值越大,液体内各层速度的变化也越大.实验证明,内摩擦力 f 的大小由两液层的接触面积 S、速度梯度 $\dfrac{\Delta V}{\Delta L}$ 及液体的黏度 η 三个因素决定.它们的关系式为

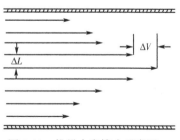

图 1-29 推导内摩擦力示意图

$$f = \eta S \frac{\Delta V}{\Delta L} \tag{1-10}$$

式中,比例常数 η 也称**内摩擦系数**.在国际单位制中,η 的单位是帕·秒(符号 Pa·s).它的值决定于液体的性质,并和液体的温度有关,随温度的升高而减少(表1-2).

表 1-2　不同温度时液体的黏度

液体	温度(℃)	黏度 η (Pa·s)	液体	温度(℃)	黏度 η (Pa·s)
水	0	1.8×10^{-3}	蓖麻油	17.5	1225.0×10^{-3}
水	37	0.6×10^{-3}	蓖麻油	50	122.7×10^{-3}
水	100	0.3×10^{-3}	甘油	26.5	494
水银	0	1.68×10^{-3}	血液	37	$(2.0 \sim 4.0) \times 10^{-3}$
水银	20	1.55×10^{-3}	血浆	37	$(1.0 \sim 1.4) \times 10^{-3}$
水银	100	1.0×10^{-3}	血清	37	$(0.9 \sim 1.2) \times 10^{-3}$

血液的黏度　湍流

　　血液的黏度很大,约为水的4~5倍.血液的主要成分是血浆和悬浮在血浆中的血细胞.血液的黏度不仅取决于血浆,而且还与血细胞的成分、浓度、形状,血细胞的变形情况和血细胞间的相互作用有关.因此,血液的黏度是变化的.某些疾病对血液的黏度会有影响,所以,测定血液黏度的值对诊断一些疾病有一定价值.例如,血细胞的浓度对血液黏度的影响较大,贫血患者血液的血细胞浓度降低,其血液的黏度值就比正常人的低.测定液体黏度也是检验药品的方法之一.

　　液体的流速如果超过一定数值后,其流动不再是层流,外层的液体将不断进入内层形成涡流,流动是杂乱的并发出声音,这种流动叫**湍流**.如人体内心脏瓣膜附近,由于瓣膜的启闭将造成局部血流突然高速流动而引起湍流.正常情况下,心血管系统及其他部位是不会有湍流产生的.当人剧烈运动时,因血流加快,主动脉中也可出现湍流;瓣膜狭窄、动静脉短路等疾病也可能造成血流加快,而产生湍流;高热使血液黏度减小也可能产生湍流.湍流区别于层流的特性之一是**它能发出声音**,这种声音使医生能够利用听诊器来辨别血流情况是否正常,这对诊断疾病有一定的价值.

想一想
实际的黏性液体的流动规律又如何呢?

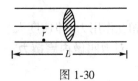

图 1-30

　　泊肃叶定律　如图 1-30 所示,当黏度为 η 的液体在一根半径为 r,长为 L 的均匀水平管中作层流时,设两端的压强差为 ΔP,根据实验和理论推导得出:黏性液体在管中的流量与管两端的压强差、管半径、长度、液体黏度之间有如下关系:

$$Q = \frac{\pi r^4 \Delta P}{8 \eta L} \tag{1-11}$$

这个规律是法国医生泊肃叶于 1846 年首先通过实验得出的,故称为泊肃叶定律.如果令

$$\frac{1}{R} = \frac{\pi r^4}{8 \eta L}$$

则式(1-11)可简化为如下形式:

$$Q = \frac{\Delta P}{R} \tag{1-12}$$

　　式(1-12)和欧姆定律相似,R 对液体的流动起阻碍作用,所以叫**流阻**,在生理学上 R 又叫外周阻力,对于心血管系统,常用式(1-12)来分析心排血量、血压和外周阻力之间的关系.如重症心力衰竭和失血过多的患者,由于心排血量(以及循环血量)减少,将引起动脉压下降;对于某些疾病用了某种药后,由于小动脉管径的收缩或扩张,导致流阻增大或减小,动脉血压就可能升高或下降.式(1-12)给医学、药学提供了一种精密测量黏度的方法,很有实用价值.

(二) 血液的流动

在应用物理学原理来说明血液的流动时,必须考虑到机体心血管系统的复杂性.例如,血液是黏性液体,但是它又和一般均匀的黏性液体不同,里面悬浮着许多比任何分子都大得多的血细胞;血管不同于通常的硬性管道,血管壁具有弹性,此外,血管的张力、直径都可以受神经和体液因素的控制而发生变化.由于这些实际情况,我们只能对血液的流动进行一些定性的讨论,详细的介绍在生理课内进行.

想一想

血液在人体内川流不息,流经身体的不同部位时,血流的速度一样吗?

血液的流速 图1-31是简化了的血液循环系统模型.人体全身血管起于心脏,也归于心脏.起于心脏的主动脉血管的截面积约为2.7cm^{2}左右,以后有分支,且逐渐增多,分别叫做大动脉、小动脉和动脉毛细管.虽然它们每支血管越来越细,但血管数目越来越多,总的截面积却越来越大,到毛细血管达到最大,为主动脉的750倍左右.归于心脏的腔静脉,它由静脉毛细血管经小静脉、大静脉依次分别汇合而成.虽然它们的每根血管越来越粗,但血管数目减少,总截面积仍是变小,约为主动脉血管截面积的2倍.

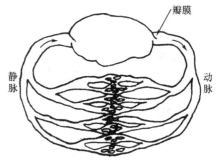

图1-31 血液循环模型

血管中血液的流动是连续的,单位时间内流回心脏的血量等于从心脏流出的血量.因此,血液在血管的流速跟总截面积成反比.例如,从主动脉到毛细血管总截面积逐渐增大,在毛细血管达到最大,所以,血流速度逐渐减小,在毛细血管流速达到最小;以后毛细血管逐渐汇合直至腔静脉,总截面积逐渐减小,因而血液流速又逐渐增大(图1-32).具体地说,主动脉中血流的平均速度为22cm/s,腔静脉的截面积是主动脉的两倍,所以血流速度为11cm/s;毛细血管总截面积约为主动脉的750倍左右,所以约为0.05~0.1cm/s.

血液的压强 血液在血管中流动时对血管壁产生的侧压强叫血压.它随着心脏的收缩舒张而变化.当心脏收缩,左心室的血液泵入主动脉时,主动脉血压达到的最高值称为**收缩压**,正常成人的收缩压一般为13.3~15.9kPa.收缩压除与心脏有关外,还与主动脉的弹性和主动脉中所容的血量有关.当心脏舒张时,血压下降到在下一次收缩来到之前达到的最低值,这时的血压叫做**舒张压**,正常成人的舒张压一般是7.99~10.66kPa,它与血管的弹性及其外周阻力有关.收缩压与舒张压之差称为脉压,脉压随着血管远离心脏而减小,到小动脉几乎为零.由于血液的黏性较大,内摩擦力使血液消耗能量,所以,血压从左心室射出后一直按血流方向不断降低,到腔静脉成负压.血压的变化幅度以小动脉中降低最快(图1-33).这是由于小动脉的数目多,血液流动摩擦面大,能量损耗多的缘故.

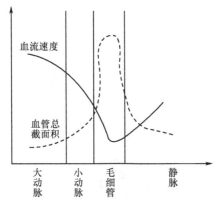

图1-32 血流速度和血管总截面积关系

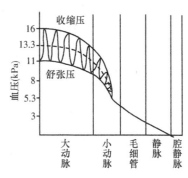

图1-33 血压变化曲线

（三）血压计

说一说

临床测量的血压值是血压的真实值吗？临床血压是怎样表示的？

正压　负压　在初中大家已经学过，包着地球表面几百千米至几千千米厚的空气，叫做大气，大气对地球表面上的物体产生的压强叫做**大气压强**.一个标准大气压（符号是 atm）相当于 0.76m 高的水银柱产生的压强，即大气压强的数值为

$$P_0 = \rho g h$$
$$= 13.6 \times 10^3 \times 9.8 \times 0.76$$
$$= 101.32\ (\text{kPa})$$

医学上常以大气压强为准，把高于当时当地大气压强的那部分压强叫做**正压**，低于当时当地大气压强的那部分压强叫做**负压**.如果用 P 表示实际压强（绝对压强），P_0 表示当地大气压强，实际压强与大气压强之差，叫做计示压强（相对压强），用 ΔP 表示，那么它们的关系为

$$\Delta P_{\text{计示}} = P_{\text{实际}} - P_0$$

调滴开关

茂菲管

图 1-34

也就是说如果实际压强高于大气压时，计示压强大于零叫正压；如果实际压强低于大气压时，计示压强小于零叫负压.例如，人体内血液从心脏进入主动脉时，平均血压是+13.33kPa，表示主动脉中血液的实际压强比当时当地大气压强高出 13.33kPa 的压强.胸膜腔的压强约为 -1.33 ~ -0.66kPa，表示胸膜腔内的实际压强低于大气压强 0.66~1.33kPA. 正负压在医学上的应用很普遍，静脉输液（血）装置就是利用液体的重量产生的正压将药液（或血液）输入人体内.见图 1-34，在该装置的瓶塞处插有一根玻璃管（或软管）与大气相通.其作用是什么呢？原来输液时，随着吊瓶中药液或血液的不断减少，液面上方空间会出现负压而阻止输液正常进行，有了这根通气管，能使瓶中液体总受大气压作用，而确保液柱自身重力产生的正压将液体连续不断的输入人体.中医用的拔火罐和注射器吸取药液等，应用的是负压现象.注射器活塞向上抽时，注射筒内出现负压，负压将药液抽入注射筒中.拔火罐时，先将着火酒精棉球投入罐内，罐内气体受热膨胀被部分溢出，及时将火罐扣于身体某一部位（不能漏气），罐内气温下降后变成负压，该部位皮肤被轻微吸入，使微血管充血，达到治疗目的.胃肠减压器、负压引流器等都是利用负压原理而应用的器械.

议一议

测量人体血压常用的血压计是哪一种？它的结构怎样，你会使用吗？

血压计　目前常用的是汞柱型血压计，其结构如图 1-35 所示.它主要由测压计（即开管压强计）、加压的橡皮球（打气球）、橡皮袋（充气袋）三个部分组成.测血压时，把气袋缚在患者上肢与心脏等高部位，听诊器胸件置于肱动脉处.关上打气球阀门，用打气球向气袋充气，使气袋膨胀压瘪肱动脉，血流阻断，听诊器中听不到搏动声音.此时玻璃管中的汞柱由 0kPa 上升到 18.6kPa 左右（视患者情况还可再高一些），然后缓缓松开阀门，以减小气袋中压强，手臂肱动脉由压瘪状态开始逐渐恢复原状，当气袋中压强等于心收缩压强时，血液的一部分可冲过已放松还未张开的肱动脉.前面学过，管的横截面积与流速成反比，所

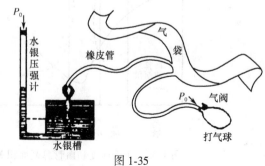

图 1-35

以,血流速度在压瘪处的肱动脉中是很大的,这样大的流速已使血流变成湍流,与血管壁摩擦而发出声音,当刚刚听到第一响声时,水银汞柱压强就是收缩压值;继续慢慢放气,气压逐渐下降,肱动脉由压瘪状态逐渐张开并向原状恢复,血流速度也逐渐减慢,由湍流变向稳流,血流声由大逐渐变小,最后消失,血流声刚消失的这一瞬时,血管刚好张圆,血流变成稳流,此时水银汞柱压强就是舒张压值.

记录血压采用分数式,即收缩压/舒张压.当口述血压数值时,应先读收缩压,后读舒张压.

◀ 练习 ▶

A

一、填空题

1. 液体的黏性指_____.

2. 血液的黏性大约是水的_____倍.它主要由_____和_____ _____决定.

3. 液体的黏度 η 与液体的_____和_____有关.它的单位是_____,代号为_____.

4. 湍流的产生是因为_____.湍流区别于层流的特性之一是_____.

5. 一个标准大气压等于_____kPa.眼压为+3.2kPa,它的实际压强是_____kPa;人体腔静脉的压强是-1.5kPa,它的实际压强为_____kPA.

6. 收缩压指_____,正常成人心缩压为_____;舒张压指_____,正常成人心舒压为_____.

7. 测得某人的血压是14/9kPa,这是用_____压强的表示方法,14kPa的收缩压含义是_____,9kPa的舒张压含义是_____.

8. 由于血液是黏性液体,所以在流动过程中,它的压强(血压)是不断_____的,由于各段血管的流阻也不一样,血压下降的_____也不一样,其中在_____处降落得最快.

9. 泊肃叶定律的内容是_____.

10.某些疾病对血液的_____会有影响,所以,测定血液黏度值对诊断疾病有一定价值.

二、计算题

1. 设某人血液心排血量为 $8.5\times10^{-5}\mathrm{m^3/s}$,体循环的总压强是13.6kPa,试求某人体循环的总流阻(即外周阻力).

2. 橄榄油的黏度是0.18Pa·s,当它流过管长为0.5m、半径为1cm的管子时,流阻是多少?

B

一、选择题

1. 关于液体流动的规律,下列说法正确的有　　　　　　　　　　　　　(　　)

A. 液体的流速与截面积成正比

B. 液体的流速与压强成反比

C. 液体流过截面积大的地方,压强大,二者成正比

D. 液体流过截面积小的地方,压强大,二者成反比

E. 以上说法都不对

2. 关于稳流正确的说法是　　　　　　　　　　　　　　　　　　　(　　)

A. 稳流就是湍流

B. 稳流就是片流

C. 江河湖海中的水流都是稳流

D. 液体微粒流经空间各点的速度不随时间而改变的流动称稳流

E. 液体微粒流经空间各点的速度随时间而改变的流动称稳流

3. 下列问题中,不能用"流速大,压强小;流速小,压强大"规律来解释的是　　　　　(　　)

　　A. 河里航行的船只,被迫向水流较急的地方运动

　　B. 喷雾气原理

　　C. 空吸作用

　　D. 水流抽气机原理

　　E. 血压在小动脉中下降最快

4. 血管的流阻与半径　　　　　　　　　　　　　　　　　　　　　　(　　)

　　A. 成正比　　　　　　　　　　　　　B. 平方成正比

　　C. 四次方成正比　　　　　　　　　　D. 四次方成反比

　　E. 平方成反比

5. 黏度的大小决定于　　　　　　　　　　　　　　　　　　　　　　(　　)

　　A. 液体的质量　　　　B. 液体的性质　　　　C. 液体的密度

　　D. 液体的温度　　　　E. 液体的性质和温度　　F. 内摩擦力的大小

6. 测量血压时,若测量处的水平位置较心脏高,则测得血压比实际血压　　　　(　　)

　　A. 偏高　　　　　　　B. 偏低　　　　　　　C. 有时偏高

　　D. 有时偏低　　　　　E. 相等

二、问答题

1. 实际液体的内摩擦力是怎样产生的? 内摩擦力的大小与哪些因素有关?

2. 绘出血流速度和血管总截面积的关系图.

3. 简述血压计使用的原理.

三、计算题

1. 某成年人主动脉半径为 1.3×10^{-2} m,在 0.2 m 距离内的流阻是多少? (血液的黏度 $\eta = 3.0 \times 10^{-3}$ Pa·s)

2. 某人心排血量为 0.83×10^{-4} m³/s,人体总外周阻力为 1.44×10^{8} Pa·s/m³,体循环的总压强差为多少?

3. 血液在成年人主动脉中的流量为 1.0×10^{-4} m³/s,主动脉半径约为 1.2×10^{-2} m,血液的黏度 $\eta = 3.2 \times 10^{-3}$ Pa·s,一段长为 15cm 的主动脉中流阻和血压下降值各是多少?

(杨素英)

笔记栏

第 ② 章 分子物理学

分子物理学是根据物质分子结构和运动的观点,研究物质客观性质和过程的规律科学.分子物理学在气体、液体和固体的研究中有着广泛的应用.比如,当液体与气体、液体与固体或液体与不相混合的其他液体接触时,由于分子之间的相互作用和液体所处的表面环境,使接触的液体表面层(包括附着层)具有一种特殊的性质,从而产生一些特殊的现象.分子物理学的理论与研究方法对生命科学的研究具有重要意义.本章将着重学习液体的表面现象、空气的湿度等跟医学相关的知识.

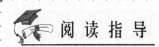

阅读指导

本章知识目标

一、表面张力 浸润和不浸润

  1. 液体的表面有什么性质?这种性质是如何产生的?

  2. 表面张力的大小由什么因素决定?方向怎样确定?

  3. 什么是浸润和不浸润现象?这两种现象是怎样形成的?

二、弯曲液面的附加压强 毛细现象 气体栓塞

  1. 弯曲液面为什么会产生附加压强?附加压强的大小与什么因素有关?方向如何?

  2. 什么是毛细现象?它是怎样发生的?在毛细现象中,毛细管内液面上升或下降的高度如何计算?

  3. 什么是气体栓塞?这一现象是怎样产生的?

  4. 在医学临床上如何预防气体栓塞的发生?

三、空气的湿度

  1. 什么是饱和汽和饱和汽压?饱和汽压的大小由什么因素决定?

  2. 什么是绝对湿度和相对湿度?相对湿度怎样计算?

  3. 干湿泡湿度计是怎样组成的?其工作原理如何?

  4. 怎样使用湿度计?测量一下教室的湿度是否适宜?

第 ① 节 液体的表面现象

一、表面张力 浸润和不浸润

(一) 表面张力

◀ 观察 思考 ▶

大家都很熟悉,小草上的露珠、荷叶上的小水滴、玻璃板上的小水银滴等,都呈球形或近似于球形.因为在体积相同的情况下,各种形状的物体中以球形的表面积为最小,所以上述现象表明,**液体表面有收缩到最小面积的趋势**.

◀ 演示 ▶

用肥皂液做实验.将系有一棉线圈的金属环浸入肥皂液后取出,便蒙上了肥皂液薄膜,此时线圈是松弛的[图 2-1(a)],当用热针刺破线圈内的液膜时,线圈被外面的液膜拉成圆形[图 2-1(b)].如果将一根棉线栓在金属环上[图 2-2(a)],使环上布满肥皂液薄膜,用热针刺破一侧时,棉线被另一侧薄膜拉成弧形[图 2-2(b)、(c)].以上实验表明,液体表面就像张紧的橡皮膜一样,具有收缩的趋势.

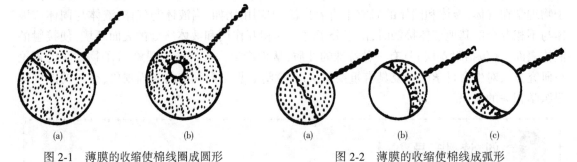

(a)   (b)   (a)   (b)   (c)

图 2-1 薄膜的收缩使棉线圈成圆形   图 2-2 薄膜的收缩使棉线成弧形

想一想

液体的表面为什么有收缩的趋势呢?

◀ 分析 ▶

液体跟气体接触的表面形成一个薄层,叫做**表面层**,表面层里的情况跟液体内部有所不同,经研究表明,表面层里的分子要比液体内部稀疏些,也就是表面层里分子间的距离要比液体内部分子间的距离大些(图 2-3).所以,表面层内分子间的相互作用表现为引力,因此,液面总是具有收缩的趋势.**促使液体表面收缩的力,叫做表面张力**.如果我们在液面上划一条长为 L 的分界线 MN,把液面分为 Ⅰ、Ⅱ 两部分(图 2-4),则液面 Ⅰ 对液面 Ⅱ 有引力 F_1 作用,液面 Ⅱ 对液面 Ⅰ 也有引力 F_2 作用,这两个力大小相等,方向相反,分别作用在相邻的两部分液面上,可见,这一引力实质就是表面张力.

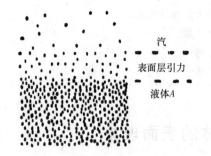
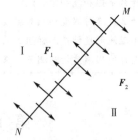

图 2-3 液体表面附近分子分布的大概情况   图 2-4 液体的表面张力

想一想

表面张力的大小和方向怎样确定呢?

液体表面张力是液体表面层任意相邻两部分液体间相互作用的引力,如果分界线 MN 的长度愈长,所涉及的两部分间接触的液体分子愈多,相互的引力愈大.因此,液体表面张力与分界线长度成正比,写成等式为

笔记栏

$$F = \alpha L \quad 或 \quad \alpha = \frac{F}{L} \tag{2-1}$$

式(2-1)中,比例常数 α 叫做液体表面张力系数,它的单位由力和长度的单位决定,在国际单位制中是牛顿/米(符号是 N/m).在数值上等于单位长度的表面张力.一些常见液体的表面张力系数见表2-1.

表面张力的方向(图2-4),总是与液面相切,垂直于分界线 MN,且指向液膜的内侧.如果液面是平面,它就在这个平面内;如果液面是曲面,它就在这个曲面的切面内.

表 2-1　不同液体的表面张力系数 α

液体	温度(℃)	$\alpha(\times 10^{-3}\text{N/m})$	液体	温度(℃)	$\alpha(\times 10^{-3}\text{N/m})$
水	0	75.64	水银	20	470
水	20	72.75	胆汁	20	48
水	40	69.56	血液	37	40~50
水	60	66.13	血浆	20	60
水	80	62.61	正常尿	20	66
水	100	58.85	黄疸病人尿	20	55
肥皂溶液	20	40	液态氢	−253	2.1
乙醇	20	22	液态氦	−269	0.12

由表2-1知,同一温度下,不同液体 α 值不同;同一种液体,α 值随温度的升高而减小.此外,液体里掺入少量杂质也可以使液体表面张力系数发生很大的变化.有些物质能使液体表面张力系数减小,它们叫做表面活性物质,又称表面活性剂,肥皂是常见的表面活性剂.在水面上撒一层粉笔灰,再在它上面滴一滴肥皂液,你会看到粉笔灰将从滴入肥皂液的地方向四周散开,这是因为肥皂液使纯净水的表面张力系数减小的缘故.水的表面活性剂常见的还有胆盐、磷脂酰胆碱以及有机酸、酚、醛等.表面活性物质用于药剂时,能起到增溶、乳化、润湿、超泡和消泡等作用.但也有这样的物质,它们能增大液体的表面张力系数,叫做非表面活性物质,又称非表面活性剂,如糖、氯化钠及某些无机盐等.

医学上,临床通常测定人体尿液、血液的表面张力系数与其正常值之差异来诊断疾病.

◀ 示范 ▶

[例题2-1]　如图2-5,在金属框上有一可自由滑动的金属丝 ab,长为4cm.当框蒙上肥皂薄膜时,需在 ab 上加 $F'=3.2\times10^{-3}\text{N}$ 的力才能使肥皂膜处于平衡状态.试求肥皂液的表面张力系数.

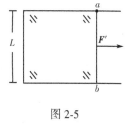

图 2-5

解:因为自由金属丝处于平衡状态时,肥皂膜才能保持平衡状态,所以肥皂膜的表面张力 $F=F'$.由于肥皂膜有前后两个表面,表面张力应为一个表面的 2 倍,即 $F=2\alpha L$.

所以表面张力系数 $\alpha=\dfrac{F'}{2L}=40\times10^{-3}(\text{N/m})$

答:肥皂液的表面张力系数是 $40\times10^{-3}\text{N/m}$.

(二) 浸润与不浸润现象

想一想

液体的表面总是平面吗? 在哪些情况下你发现液面却是曲面? 你知道为什么吗?

◀ 观察 ▶

把一块干净的玻璃片浸入水里再取出来,可以看到玻璃片的表面带有一层水;在干净的玻璃板上滴一滴水,水就沿着玻璃表面向外扩展,附着在玻璃上,形成薄层.同样,把一块干净的锌板浸入水银里再取出来,锌板表面带有一层水银;在干净的锌板上滴一滴水银,水银散开附着在锌板上,形成薄膜.这种**固体跟液体接触时,它们的接触面 S 趋于扩大,且相互附着的现象**,叫做浸润现象[图2-6(a)].

如果把涂了石蜡(或油脂)的厚纸板浸入水里再取出来,水就不附着在它上面,把水滴在涂了石蜡(或油脂)的纸板上,水不但不扩展成薄层,反而呈球形;同样,把干净的玻璃板浸入水银里再取出来,水银不附着在它上面,滴在玻璃板上的水银呈球形.这种**固体跟液体接触时**,它们**的接触面 S 趋于缩小**,且**相互不附着的现象**,叫做**不浸润现象**[图2-7(a)].

能够浸润固体的液体,叫做**浸润液体**,不能浸润固体的液体,叫做**不浸润液体**.对玻璃来说水是浸润液体,对锌板来说,水银是浸润液体;对于石蜡(或油脂)来说,水是不浸润液体,对于玻璃来说,水银是不浸润液体.所以说,液体能不能浸润固体,不单纯由液体或固体单方面的性质决定,而是由两者的性质共同决定的.

把浸润液体装在容器里,如把水装在玻璃容器里,由于水浸润玻璃,器壁附近的液面向上弯曲[图2-6(b)、(c)],形成凹液面;把不浸润液体盛在容器里,如把水银装在玻璃容器里,由于水银不浸润玻璃,器壁附近的液面向下弯曲[图2-7(b)、(c)],形成凸液面.在内径较小的容器里,这种现象更明显,液面形成凹形或凸形的弯月面.

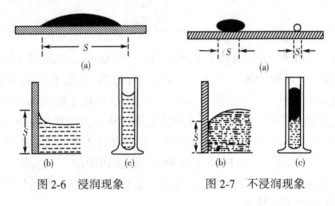

图2-6　浸润现象　　　　图2-7　不浸润现象

想一想

为什么会发生浸润和不浸润现象?浸润现象的凹液面与不浸润现象的凸液面是怎样形成的呢?

在液体跟固体的接触面处形成一个薄液层,叫做**附着层**,浸润和不浸润现象,是由附着层的特殊情况所决定的.

◀分析▶

附着层里的液体分子既受到液体内部分子的吸引力(内聚力),又要受到固体分子的吸引力(附着力).

如果附着力大于内聚力,附着层里分子就比液体内部更密.这样,附着层里液体分子间的相互作用表现为排斥力,这时,液体跟固体接触的液体表面就有扩展的趋势,形成浸润现象.如果液体是浸润器壁的,附着层里排斥力的上推作用就使液体在靠近器壁处向上弯曲,液面就呈凹形.

相反,如果附着力小于内聚力,则附着层里分子就比液体内部稀疏,这样,附着层里就跟在表面层里的情形相同,分子之间相互作用表现为引力,这时,液体跟固体的接触面就有缩小的趋势,形成不浸润现象.如果液体是不浸润器壁的,附着层里收缩力的下拉作用就使液体在靠近器壁处向下弯曲,液面则呈凸形.

浸润与不浸润在药学上的应用

在药学上固体药物能否被浸润直接影响混悬型液体药剂制作的难易、质量好坏和稳定性.如樟脑、薄荷脑、硫磺不易被水所浸润,则要添加助悬剂才能制成较稳定的混悬液药物;要制备药材的浸出液时,首先要求药材能被溶媒浸润.

笔记栏

链接

◀ 练习 ▶

A

填空题

1. 在水中的橄榄油滴呈球形,这是因为油滴表面有_____.因为体积相同的情况下_____表面积最小.

2. 从墨水中拿出来的毛笔,其笔尖总是_____,这是因为_____.

3. 表面张力是_____,实质是_____间的相互引力.

4. 表面张力的公式_____,L是_____,α是_____.α与三个因素有关:①同一温度下,不同液体的α会_____.②同一种液体,在不同温度下,α会_____,它随温度的降低而_____.③α还受杂质的影响,如果水中掺入少量的物质,如_____,会使水的α减少;如果掺入少量的物质,如_____,会使水的α增大.

5. 表面张力的方向是_____.

6. 浸润现象指_____,不浸润现象指_____.对于玻璃来说,水是_____液体,水银是_____液体;对于石蜡(或油脂)来说,水是_____,对于锌板来说,水银是_____液体.液体浸润容器时,液面呈_____;液体不浸润容器时,液面呈_____.

7. 附着力指_____,内聚力指_____.

8. 鸭的羽毛上有一层很薄的脂肪包着,这层脂肪对鸭的好处是_____.

9. 测定患者尿液或血液的表面张力系数α,目的是_____.

10.在表面层内液体分子的排列比_____稀疏一些,分子间距离比_____距离大,分子间的作用表现为_____,在_____的作用下,就促使液面_____.

11. 把浸润液体装在内径较小的容器中,由于附着层分子间_____的上推作用,就使液面成为_____;如果容器里的液体是不浸润液体,由于附着层分子间_____的下拉作用,就使液面成为_____;我们把_____的液面叫做弯月面.

B

一、问答题

1. 简述表面张力是怎样产生的?

2. 简述浸润与不浸润现象的成因?

3. 把玻璃管的裂断口放在火焰上烧熔,它的尖端就变圆,为什么?

二、计算题

1. 如图2-8所示为布满肥皂膜的金属框,AB是活动边,长5cm,如果重量和摩擦力均不计,则肥皂膜作用在AB上的表面张力是多少?($\alpha = 4 \times 10^{-2}$N/m)

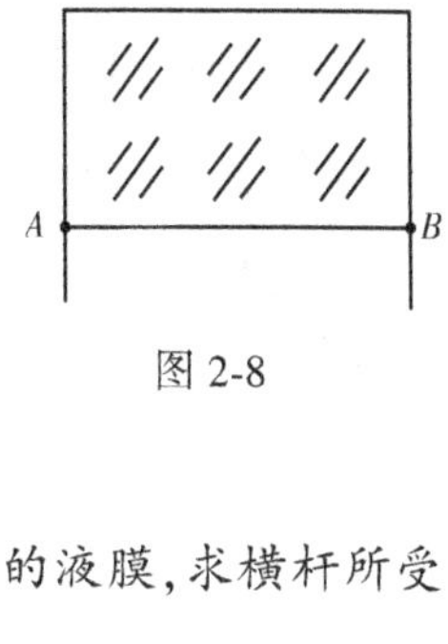

2. 金属丝框ABCD中的CD边可自由滑动,当框面蒙上肥皂液时,CD边会向左移动,这是为什么?若在CD上加水平向右的8×10^{-3}N的力才能使其平衡,CD应多长?($\alpha = 4 \times 10^{-2}$N/m)

图2-8

3. 一矩形框被一可移动的横杆分成两部分,横杆与框的一对边平行,长为10cm,这两部分分别蒙以表面张力系数为7×10^{-2}N/m和4×10^{-2}N/m的液膜,求横杆所受的力.

二、弯曲液面的附加压强 毛细现象 气体栓塞

(一) 弯曲液面的附加压强

想一想

弯曲的液面和水平液面相比,它会有什么特性呢?

静止液体的自由表面,一般呈水平的平面,但是,在靠近器壁处的液面则常成弯曲面,在内径很小的容器里液面则成弯月面,由于表面层相当于一个拉紧了的膜,弯曲液面和水平液面相比,弯曲液面上的表面张力有拉平液面的趋势,从而对液面下的液体产生了附加的压强.

附加压强是由液体弯曲面上表面张力的合力形成的,所以附加压强的大小必与弯曲面的曲率和表面张力系数有关,经过理论推导得出,弯曲液面附加压强为

$$P_S = \frac{2\alpha}{R} \tag{2-2}$$

上式说明,弯曲液面的附加压强与液体的表面张力系数成正比,与弯曲液面的球半径成反比,方向总是指向弯曲液面的球心所在的那边.

◀ 扩展 ▶

对于一个球形液膜(如肥皂泡,图2-9),由于液膜有内外两个表面,如果内、外两液膜的球半径取近似相等,则其附加压强为

$$P_S = \frac{4\alpha}{R} \tag{2-3}$$

图 2-9 球形液膜

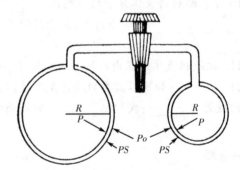

图 2-10 P_S 和 R 的关系示意图

球膜的附加压强与球膜半径的关系:在图2-10所示的实验装置中,在装有开关的连通管两端分别吹出一个大肥皂泡和一个小肥皂泡,然后打开中间的开关,使两泡相通,我们会看到小泡不断变小,大泡不断变大.此现象说明:小泡的半径小,其附加压强大,则小泡内的压强大;大泡的半径大,附加压强小,则大泡内的压强小,当打开开关使两泡连通时,小泡内气体将不断流入大泡.

◀ 示范 ▶

[**例题 2-2**] 如果肺泡黏液的表面张力系数是 4×10^{-2} N/m,问充气到半径为 0.08mm 的肺泡内的附加压强多大?

解:由于 $\alpha = 4 \times 10^{-2}$ N/m, $R = 0.08$mm $= 8 \times 10^{-5}$m

根据 $$P_S = \frac{2\alpha}{R}$$

得 $$P_S = \frac{2 \times 4 \times 10^{-2}}{8 \times 10^{-5}} = 1000\,(\text{Pa})$$

答:半径为 0.08mm 的肺泡内的附加压强是 1000PA.

肺的生理功能

肺是人体与外界进行气体交换的器官,内含 3~7.5 亿相互连接的肺泡,肺泡形状大小不一.为什么大小不等,相互相通的肺泡,却能处于平衡状态而不发生小肺泡萎缩、大肺泡膨胀的情况呢? 这是因为肺泡内壁能分泌一种含有磷脂类的表面活性物质,当肺泡大小发生变化时,其活性物质的浓度也相应变化.肺泡 R 变大时,肺泡表面积变大,活性物质在膜面的浓度变小,使表面张力系数 α 变大;肺泡 R 变小时,肺泡表面积减小,活性物质在膜面的浓度变大,使表面张力系数 α 减小.由 $P_s = \dfrac{2\alpha}{R}$ 可知,大小泡内气体的附加压强仍能处于平衡,这种肺泡表面张力系数的自动调节作用,能维持肺泡大小相对的稳定,从而使小肺泡不致萎缩,而大肺泡又不致过分膨胀.如果表面活性物质缺乏,则很多肺泡因大小不等而无法稳定,表面张力增大,肺功能发生障碍,易于发生肺不张.子宫内胎儿的肺为黏液所覆盖,附加压强使肺泡完全闭合.临产时,肺泡壁分泌表面活性物质,以降低黏液的表面张力系数,但新生儿仍需以大声啼哭的剧烈动作进行第一次呼吸来克服肺泡的表面张力.

接链

(二) 毛细现象

◀观察▶

把几根内径不同的玻璃细管插入水中(图 2-11),可以看到,这些管子里的水面比容器里的水面高,管子内径越小,它里面的水面就越高.如果把这些细玻璃管插入水银中(图 2-12),可以看到,所发生的现象正好相反,管里的水银面要比容器里的水银面低些,管子的内径越小,它里面的水银面就越低.浸润液体在细管里上升,不浸润液体在细管里下降的现象叫做**毛细现象**.发生毛细现象的管子叫做**毛细管**.

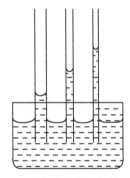

图 2-11 浸润液体在毛细管里上升

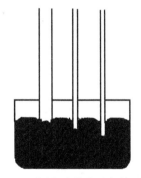

图 2-12 不浸润液体在毛细管里下降

想一想

为什么浸润液体能在毛细管内上升,不浸润液体在毛细管中下降呢?

由于浸润液体与毛细管的内壁接触时,引起液面弯曲,使液面变大,而表面张力的收缩作用使液面减小,于是管内液体随着上升,以减小液面,直到表面张力向上的拉引作用和管内升高的液柱的重量达到平衡时,管内液体停止上升,稳定在一定高度.同理,可以解释不浸润液体在毛细管中下降的现象.

◀探究▶

毛细现象中升高或降低的液柱高度跟哪些因素有关呢?

如图 2-13 所示,假设毛细管的半径为 R,液体在毛细管中上升的高度为 h,管内液体的弯月面恰好是半球面,液面和管壁的接触线的长度为 $2\pi R$.对于半径为 R,高度为 h 的液柱,向上的

笔记栏

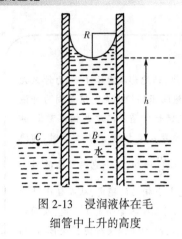

图 2-13　浸润液体在毛
细管中上升的高度

作用力为液体表面张力：

$$F = 2\pi R \cdot \alpha$$

向下的作用力为液柱的重力（略去弯月面）：

$$G = mg = (\rho \cdot V)g = \rho g \pi R^2 h$$

因液柱处于平衡，故有

$$\rho g \pi R^2 h = 2\pi R \cdot \alpha$$

则　　　　　　　　　　$$h = \dfrac{2\alpha}{\rho g R} \qquad (2\text{-}4)$$

式(2-4)说明，**浸润液体在毛细管内上升的高度与表面张力系数成正比，与毛细管内半径和液体的密度成反比**.此式也适用于不浸润液体，不过，h 表示液体在毛细管中下降的高度.

毛细现象在医药上的应用

　　毛细现象在日常生活中经常遇到.毛巾或棉布吸水，吸墨纸能吸起墨水，打火机中的汽油由灯芯上升，土壤提升地下水，植物根部吸收水分并将水分运输到顶部的枝叶里，血液在血管中的流动等，都与毛细现象有关.

　　在医学上，外科用脱脂棉来擦拭创面的污液，就是利用棉花纤维的毛细作用.病人服药，片剂到了胃里，被浸润后，也是通过毛细管水分子才能得以进入内部，使其崩解，药分溶出，才被吸收.但毛细现象有时又要力求避免，如外科手术缝合线总要先经蜡处理，因为线中间有无数缝隙（相当于毛细管），缝合伤口时，一部分线露在体表，缝隙将会成为体内外的通道，蜡处理就是封闭缝隙，堵住细菌从留在体外部分的线进入体内的途径，从而杜绝细菌感染.

　　在药学上，药物除湿、新鲜药材除水也是水分通过药材内的毛细管汽化的结果.

(三) 气体栓塞

　　浸润液体在细管中流动时，如果管中出现一定数量的气泡，液体的流动将会受到阻碍甚至无法流动，这种现象叫做**气体栓塞**.

想一想

气体栓塞是怎样发生的呢?

气体栓塞的产生是由于弯曲液面存在附加压强的原因.

◀**分析**▶

　　见图 2-14(a)，假定血液在血管中从 A 流向 B，以 P_A、P_B 分别表示 A、B 两处的压强，则 A、B 两处的压强差 $\Delta P = P_A - P_B > 0$，方向从 A 指向 B，就是这个压强差，推动着血液从 A 向 B 流动.

　　图 2-14(b)所示，由于某种原因，血管中出现了一个气泡，气泡所形成的两个液面的半径不相等，液面 A 的半径为 R_A，液面 B 的半径为 R_B，由于 $R_A > R_B$，则 $P_{SB} >$

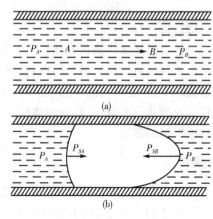

图 2-14　血管中气体栓塞

笔记栏

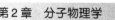

P_{SA},故 $\Delta P_S = P_{SB} - P_{SA} > 0$,方向从 B 指向 A.如果 $\Delta P > \Delta P_S$,血液还能从 A 向 B 流动,如果 $\Delta P = P_S$,气泡就不会移动,好像一个塞子阻止血液的流动,这时气体栓塞现象就出现了.

当血管中有几个类似相同气泡时,$n\Delta P_S$ 就可能足够大而更容易出现 $n\Delta P_S = \Delta P$,血液流动停止,形成气体栓塞现象.

气体栓塞现象常在哪些情况下发生?怎样预防?

医学上十分忌讳气体栓塞现象.它发生在血管中,或造成部分组织、细胞坏死,或危及生命.它发生在输液管道中,则将使输液无法进行,故需高度重视.

人体血管中出现气泡的几种可能是①静脉注射和输液时,空气可能随药液一起进入血管.所以,注射前一定要将注射器中的少量空气和输液针筒中的气泡排除干净.②颈静脉处的血压低于大气压,一旦受伤,外界空气可自动进入静脉血管.③施行外科手术时,空气有可能进入血管.④潜水员从深水处上潜或病人出高压氧舱时,原来气压大,在高压时溶于血液中过量的氧气和氮气,在正常压强下会迅速以气泡形式从血液中析出,在微血管中就会出现气体栓塞现象.所以,必须有一个逐渐减压的缓冲时间.

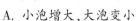 **练习**

A

一、填空题

1. 由于表面层相当于一个_____,弯曲液面和水平面相比,弯曲液面上的_____有_____的趋势,从而对液面下的液体产生了_____.

2. 弯曲液面的附加压强 $P_S = $_____.由公式看出,$P_S$ 与_____成正比,P_S 与_____成反比.P_S 的方向总是指向_____.

3. 肥皂泡的附加压强 P_S_____,它等于_____附加压强和_____附加压强之和.

4. 人体肺部中,大小不一的肺泡是靠肺泡内壁分泌一种_____的表面活性物质来维持它们间的平衡,不至于使_____过分萎缩,而_____过分扩张.如果表面活性物质缺乏,则很多肺泡将因_____而无法稳定.

5. 在毛细管内,浸润上升的高度 h 与_____成_____比,与_____成_____比.此规律也适于_____.

6. 直径为 0.4mm 和 0.6mm 的两根毛细管都插在水槽里,求在这两根毛细管中上升的高度比为_____.

7. 外科手术的缝合线用蜡处理,目的是_____.

8. 如果在血管中有气泡产生时,它将_____血液的流动,发生_____现象.这一现象的危害是_____.

9. 布制的雨伞,虽然纱线间有可以看得出来的孔隙,仍然不漏雨水,是因为_____.

10. 在肌内注射或静脉输液时,护士常把药液从针尖处排出一部分,目的是_____.

二、选择题

1. 两个半径不同的肥皂泡,用管子连通时 ( )

   A. 小泡增大,大泡变小   B. 大泡、小泡变得等大

   C. 大泡、小泡同时增大   D. 大泡、小泡同时减小

   E. 大泡增大,小泡减小

2. 将毛细管插入浸润液体中,液体在管内上升是因为下述的作用 （　　）
   A. 大气压　　　　　　　　　　　　B. 液体的黏性
   C. 空吸作用　　　　　　　　　　　D. 表面张力
   E. 虹吸作用

3. 下列不是毛细现象的是 （　　）
   A. 纱布块能吸干创面的污物　　　　B. 砖块吸水
   C. 植物根部从土壤中吸水　　　　　D. 人用塑料管吸饮料
   E. 毛巾吸汗

4. 下列现象属于浸润现象的是 （　　）
   A. 鸭子从水中出来羽毛不潮湿
   B. 缝衣针小心地放在水面上可以不下沉
   C. 水银滴在玻璃板上呈椭球形
   D. 湿布不容易揩净玻璃
   E. 叶上的水珠呈球形

5. 有人列举了几个毛细现象的实例,其中正确的是 （　　）
   A. 细玻璃棍尖端在火焰上烧熔会变圆
   B. 水银滴在锌板上,在锌板上就附着一层水银膜
   C. 车轮压过潮湿的土地后,轮痕里会现出水来
   D. 病人服药,片剂到了胃里,被浸润后迅速崩解,使药份溶出

6. 浸润液体在细管里,下列说法错误的是 （　　）
   A. 管内液面高于管外液面,且管内液面呈现凸形
   B. 管内液面低于管外液面,且管内液面呈现凹形
   C. 管内液面低于管外液面,且管内液面呈现凸形
   D. 管内液面高于管外液面,且管内液面呈现凹形
   E. 管内、外液面都是凹形,管内液面高于管外液面

7. 在充满液体的水平细管中若有一气泡,当液体从左向右流动时,下列说法正确的是
   （　　）
   A. 气泡两边弯曲程度一样,气泡处于平衡
   B. 气泡左边比右边弯曲程度大时,气泡将阻碍液体的流动
   C. 气泡右边比左边弯曲程度大时,气泡将阻碍液体的流动
   D. 无论气泡的形状如何,只要有气泡就会发生栓塞

8. 将毛细管插入盛有某种液体的烧杯中,液体沿管下降,下面不影响它内外液面高度差的
   因素有 （　　）
   A. 液体的密度　　　　　　　　　　B. 管内径的大小
   C. 液体的温度　　　　　　　　　　D. 大气压
   E. 重力加速度

B

一、问答题

1. 要把凝在衣料上面的蜡或油脂去掉,只要把两层吸墨纸放在这部分衣料的上面和下面,然后用熨斗来熨就可以了.为什么这样做可以去掉衣料上的蜡或油脂呢?

2. 建筑楼房时,在彻砖的地基上铺一层涂过煤焦油的厚纸,如果不铺这层厚纸,楼房易受潮,为什么?

3. 简述气体栓塞的成因及在临床工作中预防的方法.

4. 毛细现象在医学上有哪些应用?

笔记栏

二、计算题

1. 在半膨胀的肺中,肺泡的平均半径为 $60\mu m$,假设表面活性物质使肺泡的表面张力系数变为 $50\times10^{-3}N/m$,求肺泡中的附加压强.

2. 将一根半径为 $0.3mm$ 的毛细管,插入从人体采集的血样中($37℃$),血液在毛细管中上升高度为 $32.3\times10^{-3}m$,试求血液的表面张力系数(人血液密度 $\rho=1.054\times10^{3}kg/m^{3}$).

3. 试求水在一直径为 $0.6mm$ 的清洁玻璃管中水面上升的高度(水的表面张力系数 $\alpha=72\times10^{-3}N/m$,水的密度 $\rho=1\times10^{3}kg/m^{3}$).

4. 有一毛细管中的水面比容器中的水面高 $2cm$,求此毛细管的直径.

5. 试分别计算一个直径为 $10cm$ 的肥皂泡和一直径为 $4mm$ 的水银滴的附加压强(肥皂泡及水银滴的表面张力系数分别为 $40\times10^{-3}N/m$ 和 $470\times10^{-3}N/m$).

第 2 节 湿 度

饱和汽压 空气的湿度

(一) 饱和汽 饱和汽压

辨一辨

你知道液体是如何蒸发的吗?在敞开的液面和密闭的液面,蒸发情况相同吗?

液体在任何温度下都会蒸发.液体在蒸发过程中,液面的分子不断克服其他分子的引力,进入大气中,形成蒸汽分子.同时,有一部分蒸汽分子由于热运动而被碰回液体中.当液面敞开时,由于蒸发出来的汽分子能够扩散到周围空间去,这样在单位时间内从液面飞出的分子数大于被碰回液面的蒸汽分子数,液体不断蒸发,时间久了,容器里的液体就会完全蒸发掉.

液体在密闭容器里蒸发的情况就不同.从液面飞出的分子,不能扩散到容器外面,只能聚集在液面上的空间里,这些汽分子由于热运动相互碰撞,其中一部分又返回到液体里.开始时飞出液面的分子数大于返回液面的分子数,液面上方空间里的水汽密度不断增大,返回液面的分子数也不断增多,当单位时间内从液面飞出的分子数和返回液面的分子数相等时,液面上方空间里汽的密度不再增大,液体也不再减少.但是,分子由液面飞出和由汽中返回液体里的运动仍然在不断进行.这时,汽和液体之间就达到了动态平衡.这种**跟液体保持动态平衡的蒸汽**,叫做**饱和汽**.饱和汽的压强,叫做**饱和汽压**.未达到饱和状态之前的汽,叫做未饱和汽,即液体还可以继续蒸发.

想一想

饱和汽压由哪些因素决定呢?

◀ **探讨** ▶

1. 饱和汽压与液体的种类有关.在相同温度下,不同液体的饱和汽压一般是不同的.如在 $20℃$ 时,几种液体的饱和汽压为:水是 $2.33kPa$,酒精是 $5.93kPa$,乙醚是 $58.3kPA$. 由此可见,挥发性大的液体,饱和汽压大.

2. 饱和汽压与温度有关.同种液体,温度升高时,饱和汽压增大;温度降低时,饱和汽压减小.

实验还表明,在温度不变的情况下,饱和汽压不随体积而变化.当体积增大时,容器中汽的密度减小,原来的饱和汽变成了未饱和汽,于是液体继续蒸发,直到汽的密度又恢复原状.反之,当体积减少时,容器中汽的密度增大,返回液体的分子数大于从液面飞出的分子数,于是一部分汽变成液体,直到汽的密度又降回原状.因此,温度不变时,饱和汽的密度也不变,饱和汽压也就不变.

在不同温度下水的饱和汽压见表2-2.

表2-2　不同温度下水的饱和汽压(kPa)

K	P	K	P	K	P	K	P
253	0.10	280	1.00	294	2.48	308	5.61
263	0.26	281	1.07	295	2.64	309	5.93
268	0.40	282	1.15	296	2.80	311	6.61
269	0.44	283	1.23	297	2.98	313	7.36
270	0.48	284	1.31	298	3.16	323	12.30
271	0.52	285	1.40	299	3.36	333	19.87
272	0.56	286	1.50	300	3.56	343	31.03
273	0.61	287	1.59	301	3.77	353	47.23
274	0.66	288	1.70	302	4.00	363	69.93
275	0.70	289	1.82	303	4.28	373	101.3
276	0.76	290	1.94	304	4.48	374	104.96
277	0.81	291	2.06	305	4.74	375	108.7
278	0.87	292	2.20	306	5.02	376	112.3
279	0.93	293	2.34	307	5.31	377	116.6

在临床工作中,常根据饱和水汽压和温度的关系,用调节蒸汽的压强以控制高压蒸锅内的温度,达到灭菌目的.蒸汽的温度、压强和灭菌时间见表2-3.

表2-3　蒸汽温度、压强和灭菌时间

蒸汽温度(K)	表压(kPa)	灭菌时间(分)	适用范围
388	68.90	30	溶液剂、橡胶制品等
393	103.35	20	金属制品、敷料等
398	137.80	10	不常用

(二) 空气的湿度

想一想

空气湿度的大小怎样确定? 人感觉最适宜的湿度是多大?

洒在地上的水和江、河、湖、海的水都在蒸发,动植物的表面及动物的呼吸也在不断地散发出水蒸气,所以,我们周围的空气里总是会有水蒸气.一定温度下,一定体积的空气中含有的水蒸气越多,空气就越潮湿;含有的水蒸气越少,空气就越干燥.空气的干湿程度同我们的生活、生产和医疗有密切的关系.空气太潮湿,人会感到气闷和窒息,东西容易发霉;空气太干燥,人的口腔、鼻腔会感到干得难受,植物也易枯萎.在某些生产部门,医院以及储藏物品和保存名贵书画等艺术品的地方,如纺织厂、病房、药房、博物馆等,都要求空气保持适当的湿度.

空气的湿度可以用空气中所含水蒸气的密度,即单位体积的空气中所含水蒸气的质量来表示.由于直接测量空气中水蒸气的密度比较困难,而水蒸气的压强是随着水蒸气密度的增大而增大的,所以,通常用空气中水蒸气的压强来表示空气的湿度.

在某一温度时,空气中所含水蒸气的压强,叫做这一温度时的绝对湿度.例如,在25℃时,测得空气中所含水蒸气的压强是2.0kPa,这时空气的绝对湿度就是2.0kPa,由于水分的蒸发随温度的升高而加快,所以空气的绝对湿度随温度的升高而增大.一年之中,夏天的绝对湿度比冬天大,一天之中,往往是中午的绝对湿度比早晚大.

想一想

既然一天中,午间的绝对湿度比早、晚大,为什么我们并没感觉到中午的空气潮湿呢?

原来,我们人和动物感觉到的水蒸发的快慢、纺织物的干湿、植物的枯萎等,并不是跟绝对湿度(即空气中所含水汽的多少)有直接关系,而是跟空气中的水蒸气离饱和状态的远近有关系.例如,空气的绝对湿度同样是2.11kPa,在夏季的中午气温是30℃,由于30℃时水的饱和汽压是4.23kPa,水蒸气离饱和状态很远,我们就感觉空气比较干燥;而在夏季夜晚气温降为20℃,由于20℃时水的饱和汽压是2.34kPa,水蒸气离饱和状态很近,我们就感觉空气比较潮湿.为了表示空气中水蒸气离饱和状态(水蒸气接近饱和状态)的远近程度,定出与人感觉相一致的指标,物理中引入相对湿度的概念.

某一温度时,空气的绝对湿度(水汽压强)与同温度下水的饱和汽压的百分比,叫做当时空气的相对湿度.

用 P 表示绝对湿度,$P_{饱}$ 表示饱和汽压,B 表示相对湿度,那么

$$B = \frac{P}{P_{饱}} \times 100\% \tag{2-5}$$

◀ **示范** ▶

[**例题 2-3**] 测得室温20℃时,空气的绝对湿度 $P = 0.799$kPa,此时空气中的相对湿度是多少?

解:已知 $P = 0.799$kPa,从表中查出20℃=293K时,水的饱和汽压 $P_{饱} = 2.34$kPa,所以,这时空气的相对湿度

$$B = \frac{P}{P_{饱}} \times 100\% = \frac{0.799}{2.34} \times 100\% = 34\%$$

答:空气湿度为34%.

[**例题 2-4**] 上题中,如果当时的室温是7℃时,此时的相对湿度是多少?

解:已知 $P = 0.799$kPa,从表中查出7℃=280K时水的饱和汽压 $P_{饱} = 1.00$kPa,所以:

$$B = \frac{P}{P_{饱}} \times 100\% = \frac{0.799}{1000} \times 100\% = 79.9\%$$

从上面两例题中可以看出,绝对湿度不变,但温度不变,相对湿度相差很大,在例题2-3中的空气比较干燥,例题2-4中的空气却会使人感觉到比较潮湿.人最适宜的相对湿度是在60%左右.

湿度对人体健康的影响

空气中的湿度对人体的健康有着一定的影响,空气太潮湿,人会感到胸闷、窒息、尿液输出量增大、肾脏负担加重.这是因为湿度大,人体皮肤水分蒸发慢,人体热交换的调节作用受到破坏的缘故.反之,空气太干燥,人体皮肤蒸发加快而失去大量的水分,会引起口、鼻腔黏膜干燥,出现口渴、声哑、嘴唇干裂现象,这对呼吸道疾患或气管切开和烧伤患者等尤其不利.

为了得到适当的空气湿度,可以采用人为调节的办法.室内湿度过小,可在地面洒水,冬天在火炉上加放水槽、水壶等,利用蒸发增加空气中的水汽;对呼吸道疾患、手术病人及外伤、烧伤患者,可在其嘴唇上和其他相应部位敷以浸湿的纱布来缓解干燥.湿度过大时,最简单的办法是打开门窗,加强通风,如果使用空气调节器,效果则更为理想.

(三) 湿度计及湿度的测定

想一想

求空气的湿度除利用公式计算外,是否还有更简单的方法?

认一认

测定空气湿度的仪器叫做湿度计,常用的湿度计有露点湿度计、毛发湿度计、干湿泡湿度计.这里仅介绍干湿泡湿度计的构造和使用方法.

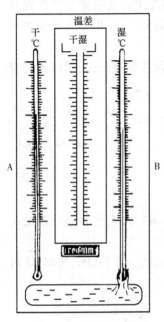

图2-15 干湿泡湿度计

干湿泡湿度计如图2-15所示,它是由两支完全相同的温度计组成,温度计A叫做干泡温度计,用来测量空气的温度;温度计B叫做湿泡温度计,它的水银泡上包着纱布,纱布的下端浸入水中,水沿着纱布上升,使它总保持湿润.

说一说

干湿泡湿度计的原理是什么呢? 如何使用?

由于水蒸发时要吸收热量,这样,湿泡计B的温度总是低于A.A、B的温度差叫做干湿泡温度差.①当空气中的水汽离饱和状态远时,即相对湿度越小,空气越干燥时,湿泡温度计B上的水蒸发得越快,使B的温度降得越低,A与B的温度差就越大.②反之,当水汽离饱和状态较近时,即相对湿度越大,空气越潮湿时,温度计B上的水蒸发越慢,A与B的温度差就越小.所以,干湿泡温度差的大小跟空气的相对湿度有直接关系.如果把不同温度时相应于不同的干湿泡温度差的相对湿度计算出来,绘制成表,那么,根据干湿泡湿度计上A、B两支温度计的读数,从表上很快就可以查出空气的相对湿度.例如,干泡温度计所示温度是20℃,湿泡温度计所示温度是15℃,那么,它们的温度差是5℃.查表2-4,从第一列湿泡温度计读数中找到数字15,再从干湿泡温度差一行中找到数字5,它们各自所在的横行和竖行的相交处47就表示相对湿度是47%.

◀**评注**▶

有的湿度计是以干泡温度计的温度和干湿泡温度差列表的,使用时应先看清最左边的纵行代表的是干泡温度还是湿泡温度.

表2-4 由干、湿泡温度计的温度求空气的相对湿度(%)

湿泡温度计所示温度(℃)	干、湿泡温度计的温度差									
	1	2	3	4	5	6	7	8	9	10
0	75	53	33	16	1					
1	76	55	37	20	6					
2	77	57	40	24	11					
3	78	59	43	28	15	3				
4	80	61	45	31	19	8				
5	81	63	48	34	22	12	2			
6	81	65	50	37	26	15	6			
7	82	66	52	40	29	19	10	2		
8	83	68	54	42	32	22	14	6		
9	84	69	58	45	34	25	17	10	3	

笔记栏

续表

湿泡温度计所示温度(℃)	干、湿泡温度计的温度差									
	1	2	3	4	5	6	7	8	9	10
10	84	70	58	47	37	28	20	13	6	
11	85	72	60	49	39	31	23	16	10	
12	86	73	61	51	41	33	26	19	13	5
13	86	74	63	51	43	35	28	22	16	8
14	87	75	64	54	45	38	31	24	18	11
15	87	76	65	57	47	40	33	27	21	16
16	88	77	66	68	49	42	35	29	23	18
17	88	77	68	59	51	43	37	31	26	21
18	89	78	69	60	52	45	39	33	28	23
19	89	79	70	61	54	47	40	35	30	25
20	89	79	70	62	55	48	42	36	31	26
21	90	80	71	63	56	50	44	38	34	29
22	90	81	72	64	57	51	45	40	35	30
23	90	81	73	65	58	52	46	41	36	32
24	90	82	74	66	60	53	48	43	38	34
25	91	82	74	67	61	55	49	44	39	35
26	91	83	75	68	62	56	50	45	41	36
27	91	83	76	69	62	57	51	46	42	38
28	91	83	76	69	63	58	52	48	43	39
29	92	84	77	70	64	58	53	49	44	40
30	92	84	77	71	65	59	54	50	45	41
31	92	85	78	71	65	60	55	51	46	42
32	92	85	78	72	66	61	56	51	47	43
33	92	85	79	73	67	62	57	52	52	44
34	93	86	79	73	68	62	58	53	49	45
35	93	86	79	74	68	63	58	54	50	46
36	93	86	80	74	69	64	59	55	51	47
37	93	86	80	75	69	64	60	56	52	48
38	93	87	81	75	70	65	60	56	52	49
39	93	87	81	76	70	65	61	57	53	49
40	93	88	81	76	71	65	62	58	54	50

◀ 练习 ▶

A

一、填空题

1. 液体在蒸发时,同时含有两个分子运动过程,其一是_____,其二是_____.当敞开液面时,单位时间内_____的分子数大于_____分子数,所以,液体_____,时间久了,容器里的液体就会_____.

2. 在单位时间内回到_____中的分子数,等于从_____分子数,这时汽分子的_____不再增大,_____也不再减少,液体和汽之间达到平衡状态,这种平衡叫做_____.

笔记栏

3. 汽跟液体处于_____时的汽叫饱和汽,它产生的_____称为饱和汽压.

4. 对于同种液体,当温度升高时,饱和汽压_____,温度降低时,饱和汽压_____.在临床工作中,常常根据这种关系,用调节蒸汽_____来控制高压汽锅内的_____,以达到消毒的目的.

5. 由干、湿泡温度计的示数求空气的相对湿度时,干湿泡温度计的温度差越大,相对湿度越_____,温度差越小,相对湿度越_____.

6. 人对空气干、湿的感觉,植物的枯萎等跟_____没直接关系,而是跟_____有关系.所谓水汽离饱和状态远指_____,水汽离饱和状态近指_____.

7. 绝对湿度用_____表示;相对湿度用_____表示,公式 B = _____.

8. 人感觉最适宜的湿度是_____.如果空气湿度过小,即空气太干燥,人会感到_____,是因为_____缘故;如果空气湿度过大,即空气太潮湿,人会感到_____,是因为_____的缘故.

9. 饱和汽压除与温度有关外,还跟_____有关,同一温度下,越_____液体,饱和汽压越_____.但只要_____不变时,饱和汽压与_____是无关的.

二、选择题

1. 病房潮湿的原因 （   ）
   A. 绝对湿度过大　　　　　　　　　　B. 饱和汽压大
   C. 温度太高　　　　　　　　　　　　D. 相对湿度过大
   E. 空气中水汽含量大

2. 饱和汽压的大小应该是 （   ）
   A. 由液体的种类决定,主要是其挥发性　B. 由液体的种类和体积决定
   C. 由液体的温度高低决定,温度升高,汽压减小　D. 由液体的温度和体积决定
   E. 由液体的种类和温度决定

3. 使用干湿泡湿度计测相对湿度时,下列说法正确的是 （   ）
   A. 一定气温时,干湿泡温差越大,相对湿度越大
   B. 一定气温时,干湿泡温差越大,相对湿度越小
   C. 一定气温时,干湿泡温差越小,相对湿度越小
   D. 干湿泡温差相同时,气温越高,绝对湿度越小
   E. 干湿泡温差相同时,气温越高,绝对湿度越大

4. 用干湿泡湿度计测得某温度下甲、乙两室的相对湿度 $B_甲 = 78\%$, $B_乙 = 60\%$,则下列说法正确的是 （   ）
   A. 人处于甲室中感觉较舒服　　　　　B. 晾在甲室中的衣服容易干
   C. 乙室中的水汽压强离饱和状态较远　D. 湿度计在乙室中两温度计温差较小
   E. 应在甲室地面上洒点水加以调节

三、计算题

1. 某病房的温度是 15℃,空气的相对湿度是 60%,如果气温上升到 20℃ 时,空气的相对湿度是多少? 怎样调节?

2. 干泡和湿泡温度计所示的温度分别是 16℃ 和 13℃,求这时的相对湿度和绝对湿度.

B

一、问答题

1. 夏天暴雨之前感到闷热,雨后便凉爽,为什么?
2. 冬天室内用火炉取暖时,人们会有口渴之感,为什么? 如果在火炉上放一壶水,就会好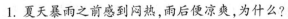

一些,为什么?

    3. 如果在冬天和夏天或白天和夜间的绝对湿度相同,那么空气的相对湿度是否相同? 如果不相同,什么时候较大? 为什么?

    4. 简述干湿泡湿度计的工作原理.

二、计算题

    1. 空气的绝对湿度是 1.2kPa,试分别求出 12℃、18℃和 24℃时的相对湿度? 比较三个相对湿度,你会得出什么结论?

    2. 已知 10℃时空气的相对湿度是 80%;如果温度升高到 20℃时,相对湿度变成多少?

（杨淑兰）

第 3 章 电 学

物质由分子、原子组成,原子由带负电的电子和带正电的原子核组成.细胞也是物质,人体由亿万个细胞构成,所以,包括人体在内的充满了五光十色的物质世界,其实,是电的世界.

医学与电学息息相关.人体内的生物电现象,如心电、脑电、肌电等贯穿于整个生命过程中,而电学理论就是研究生物电的理论基础;在疾病的诊断和治疗中,各种医疗电子仪器的使用也离不开电学知识.

本章主要学习静电现象、直流电及电学在医学中的应用等知识.

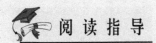

阅读指导

本章知识目标

一、电场
1. 库仑定律研究的是哪些因素之间的关系? 该定律的适用条件是什么?
2. 什么是电场? 电场中某一点的电场强度的大小和方向怎样确定?
3. 为什么引入电场线? 它怎样表示电场的强弱和方向?
4. 匀强电场有什么特点?

二、电势 电势差
1. 什么是电势能? 电势能的变化跟电场力做功之间有什么关系?
2. 什么是电势? 电势的大小(高、低)如何确定?
3. 什么是电势差? 什么是等势面?

三、闭合电路欧姆定律
1. 电源在电路中起什么作用? 怎样测电源的电动势?
2. 电动势跟路端电压和内电压是什么关系?
3. 闭合电路欧姆定律研究的是哪三个量的关系? 跟部分电路欧姆定律有什么异同点?
4. 路端电压跟外电阻有何关系?
5. 断路和短路各有什么特点?

第 1 节 电场 电场强度

一、库仑定律 电场

(一) 库仑定律

◀ 回顾 ▶

人们很早就发现,有许多物体如琥珀、玻璃与丝绸摩擦后,有吸引轻微物体的本领.物体有了吸引轻微物体的性质,就说它带了电或说它有了电荷.带电的物体叫做带电体,物体所带电荷的多少叫做**电量**,常用 Q 或 q 表示,单位是库仑,简称库(符号为 C).质子和电子带的电量,除有正负之分外,其量值都是 1.6×10^{-19}C,是电量的最小单位,叫做**基本电荷**,用 e 表示.实验表明,一切带电粒子所带的电量总是基本电荷的整数倍,即 $q=ne$,n 是正整数,说明电荷的变化是不连续的.

54

我们已知自然界只存在两种电荷:正电荷和负电荷.电荷间有相互作用——同种电荷互相排斥,异种电荷互相吸引.

想一想

电荷间的相互作用力,叫做**静电力**.这种力的大小跟哪些因素有关呢?法国物理学家库仑在 1784~1785 年间用精密的实验首先回答了这一问题.

◀ **探究** ▶

什么是**点电荷**呢?"点电荷"像"质点"一样,只是一个理想化的模型.如果带电体间的距离比它们的大小大得多,以致带电体的形状大小和电荷在其中的分布对相互作用力的影响可以忽略不计,就跟电荷全部集中在一点一样,此时就可以把带电体看成是点电荷.

库仑是用图 3-1 所示的扭秤来做实验的,扭秤的主要部分是在一根细金属丝下面悬挂一根玻璃棒,棒的一端有一个金属小球 a,另一端有一个平衡小球 b.在离 a 球某一距离的地方再放一个同样的金属小球 c.如果 a 球和 c 球带同种电荷,它们间的斥力将使玻璃棒逆时针方向转过一个角度.向顺时针方向扭转旋钮 O,使玻璃棒回到原来的位置并保持静止,这时金属丝扭转弹力的作用跟 a、c 两球电荷间斥力的作用平衡,因此,从旋钮 O 转过的角度,可以计算出电荷间作用力的大小.

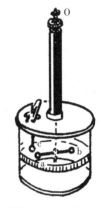

图 3-1　库仑扭秤

库仑在实验中研究了两个点电荷间的相互作用力,跟它们的电量、它们间的距离以及跟它们间介质的关系.最简单的介质是真空.事实上,空气对电荷间的相互作用影响很小,电荷在空气中的相互作用,跟在真空中的相互作用力相差甚微.库仑实验结果:**在真空中,两个点电荷间的作用力,跟它们电量的乘积成正比,跟它们间距离的平方成反比,作用力的方向在它们的连线上.**这就是**库仑定律**.

用 Q_1、Q_2 表示两个点电荷的电量,用 r 表示它们之间的距离,用 F 表示它们之间的静电力,库仑定律可以写成下面的公式(图 3-2):

$$F = K\frac{Q_1 Q_2}{r^2} \tag{3-1}$$

$$\xleftarrow{F}\ \ominus\ \cdots\ \ominus\ \xrightarrow{F}\ \ \ \ \ \ \oplus\ \xrightarrow{F}\ \cdots\ \xleftarrow{F}\ \ominus$$
$$Q_1\ \ Q_2 \qquad\qquad Q_1 \qquad\qquad Q_2$$

图 3-2

式中,K 是**静电力恒量**.在国际单位制中,力、距离和电量的单位分别是牛(N)、米(m)和库(C),静电力恒量 $K = 9 \times 10^9$ 牛顿·米^2/库仑^2(N·m^2/C^2).

◀ **评注** ▶

1. 库仑定律只适用于点电荷.

2. 应用库仑定律公式时,可以取电荷的绝对值来求力的大小;力的方向,则由电荷的种类确定.如果电荷同种,**F** 为排斥力;如果电荷异种,**F** 是吸引力.

◀ **示范** ▶

[**例题 3-1**]　两个电量分别为 -1×10^{-8}C 和 2×10^{-8}C 的点电荷,在真空中相距 30cm,每个电荷受到的静电力是多大?

解:已知 $Q_1 = -1 \times 10^{-8}$C,$Q_2 = 2 \times 10^{-8}$C,$r = 30$cm $= 0.30$m

　　由 $F = K\dfrac{Q_1 Q_2}{r^2}$

笔记栏

得 $F = 9 \times 10^9 \times \dfrac{1 \times 10^{-8} \times 2 \times 10^{-8}}{(0.30)^2}$

$\qquad = 2 \times 10^{-5} (\text{N})$

因为电荷异种,所以电荷间的相互作用力是吸引力.

答:两个点电荷彼此都受到对方 2×10^{-5}N 的吸引力.

(二) 电场 电场强度

想一想

电荷间有一定距离,并没接触,它们间的相互作用力是怎样发生的呢?

电场 物体之间的相互作用,一般是通过两种方式:一种方式是两个物体直接接触而发生的相互作用;另一种方式是通过存在于两物体之间的其他物质而发生相互作用.既然电荷和电荷相距一定距离也能发生相互作用,说明两电荷之间一定有一种特殊的物质存在,这种特殊物质是电荷在周围空间激发的,叫做**电场**.

可见,电荷周围有电场,电荷之间的相互作用是通过电场发生的,即静电力是一个电荷产生的电场对另一个电荷的作用.所以,静电力常叫**电场力**.

为什么说场是一种特殊物质呢?因为它不是由分子、原子组成的实物,所以,它的性质在许多方面与实物不同,比如,它看不见、摸不着,在有实物或没有实物的空间里,都可以存在.但它也跟其他物质一样,都是不依赖于人们的感觉而客观存在的.

想一想

看不见、摸不着的电场有什么属性呢?

电场强度 电场的基本特性是对放入其中的电荷有力的作用.为了研究电场的属性,我们在电场中引入一个电量很小,体积也很小的点电荷并约定为正电荷,只有这样,才能使它的引入不会影响原来要研究的电场,才能确定空间各点的电场特性.这样的电荷叫**检验电荷**,用符号 q 表示.

◀探究 抽象▶

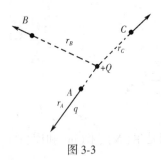

图 3-3

假设有一个带正电的点电荷 Q,它在真空中形成的电场如图 3-3.这里产生电场的电荷 Q 叫做场源电荷.把检验电荷 q 先后放在电场中任意三点 A、B、C,设 A、B、C 各点跟 Q 的距离分别为 r_A、r_B、r_C.实验得知,检验电荷 q 受到的电场力 F_A、F_B 和 F_C 的大小和方向逐点不同,这说明电场中不同的位置,电场的强弱、方向是不同的,如何定量地描述这一属性呢?

把不同电量的检验电荷 q、$2q$、$3q$ 先后放在 A 点,由库仑定律知,它所受的电场力分别为 F_A、$2F_A$、$3F_A$,可以看出,电场力的大小是不相同的,但力的方向不变,对于 A 点来说,比值 $\dfrac{F_A}{q} = \dfrac{2F_A}{2q} = \dfrac{3F_A}{3q} = $

$K \dfrac{Q}{r_A^2}$ 始终为恒量.即是说,放入 A 点的检验电荷所受的电场力跟它的电量的比值是一个跟放入该点的检验电荷无关的恒量,只由该点在电场中的位置决定.同样可以证明,检验电荷在 B 点和 C 点所受的电场力跟它的电量的比值分别是 $K \dfrac{Q}{r_B^2}$ 和 $K \dfrac{Q}{r_C^2}$,都是跟放入该点的检验电荷无关的恒量.只是电场中不同的点,这个比值是不相等的.这个比值大的点,放在那里的单位电荷所受的电场力就大,即该点的电场强;反之,这个比值小的点,放在那里的单位电荷所受到的电场力就小,即该点的电场弱.因而,这个比值能反映电场本身的一种属性,这一属性用电场强度来描述.

放入电场中某一点的电荷受到的电场力 F 跟它的电量 q 的比值,叫做这一点的**电场强度**,简称**场强**.用 E 表示场强,F 表示电荷 q 受到的电场力,那么:

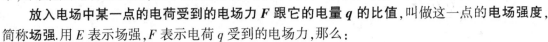

$$E = \frac{F}{q} \tag{3-2}$$

场强的单位由力和电量的单位决定,在国际单位制中是牛/库(符号 N/C).电场中某一点,如果 1C 的电荷在这点受到 1N 的电场力作用时,该点的场强就是 1N/C.

场强是矢量.规定:**电场中某点的场强方向,跟放在这点的正电荷所受电场力的方向一致**.这样,负电荷受力的方向跟场强的方向相反.

试一试

点电荷 Q 在真空中形成电场,那么在距离场源电荷 Q 为 r 的某点的场强为多少呢?

[例题 3-2]　真空中有一点电荷 $Q = 1 \times 10^{-9}$C,距它 $r = 1 \times 10^{-2}$m 处 P 点的场强是多少?

解:把检验电荷 q 放在距离 Q 为 r 的 P 点,它所受的电场力 $F = K\dfrac{Qq}{r^2}$,将 F 代入 $E = \dfrac{F}{q}$ 中,得 P 点的场强:

$$\begin{aligned}
E &= \frac{F}{q} = K\frac{Q}{r^2} \\
&= 9 \times 10^9 \times \frac{1 \times 10^{-9}}{(1 \times 10^{-2})^2} \\
&= 9 \times 10^4 (\text{N/C})
\end{aligned} \tag{3-3}$$

答:P 点场强的大小是 9×10^4N/C,方向沿场源电荷和 P 点的连线,远离场源电荷.式(3-3)说明,**在点电荷的电场中,任意一点场强的大小跟点电荷的电量成正比,跟该点到点电荷的距离的平方成反比**.

图 3-4 画出了正、负点电荷产生的电场中,任意一点 P 的场强方向,当电荷为正时,P 点的场强 E 的方向沿 QP 连线远离 $+Q$;当电荷为负时,P 点的场强 E 的方向沿 QP 的连线指向 $-Q$.

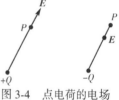

图 3-4　点电荷的电场

认一认

研究电场,重要的是知道电场中各点场强的大小和方向,英国物理学家法拉第用一系列假想的线条来形象地表示场强的大小和方向.

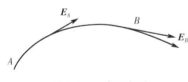

图 3-5　一条电场线

电场线　是在电场中画出的一系列有方向的曲线,在这些曲线上任何一点的切线方向都与该点的场强方向一致.图 3-5 是一条电场线,A、B 点的场强 E_A、E_B 在该点的切线上,方向如图中箭头所示.

电场线的形状可以用实验来观察.把头发屑漂浮在蓖麻油里,再放入电场中,便看到头发屑按照场强方向排列起来,这是电场线的形象表示.图 3-6 是几种常见电场的电场线图形.

从图 3-6 可以看出,电场线是起于正电荷、止于负电荷的曲线.任何两条电场线都不会相交.离形成电场的电荷近的地方(电场强的地方),电场线分布较密,反之较疏.因此,电场线不仅可以形象地表示电场的方向,而且可以定性地表示电场的大小:电场强的地方电场线密,电场弱的地方电场线疏.

匀强电场　在电场的某一区域里,如果各点场强的大小和方向都相同,这一区域的电场就叫做**匀强电场**.匀强电场是最简单的同时也是很重要的电场.两块靠得很近的大小相等、互相正对并且彼此平行的金属板,分别带上等量的正负电荷,它们间的电场(除边缘附近外),就是匀强电场,见图 3-6 中的(e).在匀强电场中,电场线有什么特点?

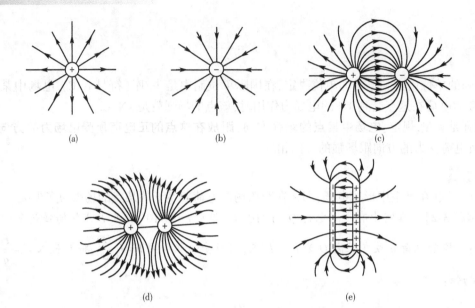

图 3-6　几种常见电场的电场线

◀ **练习** ▶

A

一、填空题

1._____概念跟质点概念类似,如果_____时,带电体就可以看成是点电荷.

2. 法国物理学家库仑在 1784~1785 年间用_____装置研究了_____跟_____、_____、_____三者的关系,其中_____与_____成正比,_____与_____成反比,静电力的方向_____.人们为了纪念他,将这个规律叫_____.该定律只适用_____.

3. 电场是_____物质,在电场某一点放入检验电荷 q,当检验电荷的电量变成 $2q$、$3q$ 时,该点的场强_____变化,移去检验电荷后,该点的场强_____变化,因为_____.

4. 场强的定义式 $E =$_____,单位是_____,符号是_____.场强的方向,规定_____的方向就为该点的场强方向,场强不但有_____,而且还有_____,所以它是_____量.

5. 电场的方向和电场力的方向不一定相同,当受力电荷为正电荷时_____,反之为负电荷时_____.

6. 电荷与电场的关系是_____

二、计算题

1. 计算在真空中相距 10^{-14}m 的两个质子间的静电力,已知质子所带电量为 $+1.6×10^{-19}$C.

2. 在真空中有两个点电荷,它们间的静电力在下列情况下将如何变化?

(1) 一个电荷的电量变为原来的 3 倍.

(2) 两个电荷的电量都减为原来的 1/3.

(3) 电荷间距离变为原来的 3 倍.

(4) 一个电荷的电量为原来的 3 倍,电荷间距离变为原来的 3 倍.

3. 已知一正点电荷 $q = +0.3×10^{-9}$C,在电场中受力 $F = 5.7×10^{-7}$N,电荷所在处的场强多大?方向如何?

笔记栏

4. 已知场源点电荷 Q 带电$+2\times10^{-9}$C,在真空中距 Q 0.08m 处的场强多大? 方向如何?

B

问答题、计算题

1. 某一点的场强 $E=\dfrac{F}{q}$,点电荷的电场中某点的场强 $E=K\dfrac{Q}{r^2}$.从前式看 E 和 q 成反比,从后式看 E 和 Q 成正比,这不是自相矛盾吗? 为什么?

2. 在真空中有两个点电荷,电量分别是$+2.0\times10^{-9}$C 和-4.0×10^{-9}C,相距 0.20m.求这两个点电荷间的静电力.

3. 已知场源电荷 $Q=+4.0\times10^{-8}$C,该电场中的 P 点场强 $E=9\times10^3$N/C,问 P 点距 Q 多远?

4. 在真空中,有一电量为-2×10^{-7}C 的点电荷,

(1) 在离它 0.10m 远处的场强多大? 方向怎样?

(2) 如果将 $q=-1.0\times10^{-11}$C 的小电荷放在该处,小电荷受到的电场力多大? 方向怎样判断?

二、电势 电势差

◀回顾▶

在力学中学过,物体在重力场中具有重力势能,重力势能与重力做功密切相关:物体在地面附近下落时,重力对物体做正功,物体的重力势能减少;物体上升时,重力对物体做负功(外力克服重力做功),物体的重力势能增大.重力势能的变化总等于重力对物体所做的功.

比一比

电荷在电场中也具有势能,叫做**电势能**.电势能用 ε 表示,电势能与电场力做功也密切相关.在电场中移动电荷时,电场力对电荷做正功,电荷的电势能减少;电场力对电荷做负功(外力克服电场力做功),电荷的电势能增加,电势能的变化总等于电场力对电荷所做的功.用公式表示为

$$W_{AB}=\varepsilon_A-\varepsilon_B \tag{3-4}$$

式(3-4)中,ε_A、ε_B 分别是电荷在匀强电场中 A、B 两点的电势能;W_{AB} 是把电荷从 A 点移到 B 点的过程中,电场力所做的功.

电势能与重力势能一样具有相对性,它的量值与零电势能参考点的选择有关,在讨论电势能时,先选某一位置的电势能为零后,才能确定电荷在电场中其他位置的电势能的值.比如,在图 3-7 中,选 B 点为零电势能点,即 $\varepsilon_B=0$,则 A 点的电势能便有了确定的值,$\varepsilon_A=W_{AB}$.若把正电荷从电场中的 A 点移到 B 点,电场力做了 2×10^{-5}J 的功,那么,正电荷 q 在 A 点具有的电势能 $\varepsilon_A=2\times10^{-5}$J.**电荷在电场中某点的电势能,在数值上等于把电荷从这点移到零电势能点时电场力所做的功.**一般选无穷远处电势能为零.

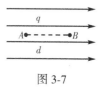

图 3-7

◀抽象▶

电势 用不同电量的检验电荷先后置于电场中的同一点,它们具有不同的电势能,可是研究发现每一电荷的电势能跟该电荷电量的比值 $\dfrac{\varepsilon}{q}$ 是跟电荷 q 无关的恒量,且对电场中不同的点来说,这个比值恒量一般并不相同,可见,这个恒量是由电场自身决定的,是电场本身的另一种属性——**电势**.

想一想

电场中某点电势的大小怎样确定呢？

放入电场中某点的电荷具有的电势能 ε 跟它的电量 q 的比值,叫做这一点的电势,又称电位.用 U 表示,即

$$U = \frac{\varepsilon}{q} \tag{3-5}$$

电势的单位由电势能和电量单位决定,在国际单位制中,电势的单位为伏特(符号 V).在电场中,当 1C 的电荷在某点的电势能为 1J 时,这点的电势就是 1V.

◀ **评注** ▶

电势是标量,只有大小(常称高低),没有方向.电势与电势能一样是一个相对量,必须选定零电势位置以后,才能确定各点电势的值,通常选大地或仪器的公共地线的电势为零.

◀ **示范** ▶

[**例题 3-3**]　在图 3-8 所示的电场中,有 A、B、C、D 四点,已知 $q = 1C$,若选 C 为零电势点,它在 A、B、D 点的电势能分别是 $\varepsilon_A = 2J$,$\varepsilon_B = 0.5J$,$\varepsilon_D = -1J$,U_A、U_B、U_D 各等于多少?

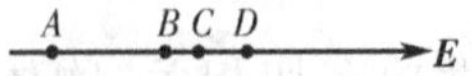

图 3-8

解：由式(3-5)　$U = \dfrac{\varepsilon}{q}$

得　$U_A = 2V$,　$U_B = 0.5V$,　$U_D = -1V$

由此题知,**电势是顺着电场线方向越来越低**.这个结论适用于任何电场.

议一议

电势差　电场中两点间电势的差值叫做电势差,又称电位差或电压.设电场中 A 点电势为 U_A,B 点电势为 U_B,A、B 两点间的电势差就是

$$U_{AB} = U_A - U_B \tag{3-6}$$

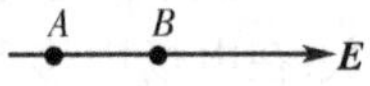

图 3-9

若 A 点电势高,B 点电势低,则 $U_{AB} > 0$.

若 A 点电势低,B 点电势高,则 $U_{AB} < 0$.

电势差的单位跟电势的单位相同,即伏特(V).

由式(3-4)、(3-5)、(3-6)得

$$U_{AB} = U_A - U_B$$
$$= \frac{\varepsilon_A}{q} - \frac{\varepsilon_B}{q} = \frac{W_{AB}}{q}$$
$$W_{AB} = q U_{AB} \tag{3-7}$$

式(3-7)说明在电场中 A、B 两点间移动电荷时,电场力做功也等于被移动电荷的电量跟这两点电势差的乘积.

◀ **评注** ▶

应用公式(3-7)时,可以把电荷和电势差的正负考虑进去.若求得 $W_{AB} > 0$,说明电场力做正功,若求得 $W_{AB} < 0$,说明电场力做负功(外力克服电场力做功).

◀ **示范** ▶

[**例题 3-4**]　设电场中 M、N 两点的电势差 $U = 100V$,问:(1)若选 M 点的电势为零时,N 点的电势是多少?选 N 点的电势为零时,M 点的电势呢?

(2)电量为 $-2 \times 10^{-9} C$ 的负电荷从 N 点移到 M 点时,电场力做正功还是做负功?做了多

笔记栏

少功?

解:(1) 由题知 $U_{MN} = U_M - U_N = 100\text{V}$

选 $U_M = 0$ 时,得 $U_N = -100\text{V}$

选 $U_N = 0$ 时,得 $U_M = 100\text{V}$

(2) 由 $W_{NM} = qU_{NM}$,又 $q = -2 \times 10^{-9}\text{C}$,$U_{NM} = -100\text{V}$

得 $W_{NM} = qU_{NM} = -2 \times 10^{-9} \times (-100)$

$\qquad = 2 \times 10^{-7}(\text{J})$

因为 $W_{NM} > 0$,所以是电场力做正功.

答:(1) N 点的电势是 -100V,M 点的电势是 100V.

(2) 是电场力做正功.

想一想

在电场中,场强的分布可以用电场线形象地表示,电势的分布用什么来形象地表示呢?

等势面 在地图上常用等高线来表示地形的高低,与此相似,在电场中常用等势面来表示电势的高低,**电场中电势相等的点构成的面**叫做**等势面**.图 3-10 画出了几种电场的等势面(虚线)和电场线(实线).(a)图是匀强电场的等势面,它们是垂直于电场线的一族平面,(b)图是点电荷电场的等势面,它们是以点电荷为球心的一族球面.

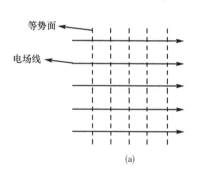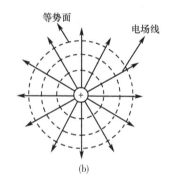

图 3-10 等势面

等势面有如下性质:①在同一等势面上任何两点间移动电荷时,电场力不做功.②等势面一定跟电场线垂直,即跟场强方向垂直.

由于测量电势比测量电场强度容易,所以,常用等势面来研究电场,其过程是先测绘出等势面的形状和分布,再根据电场线跟等势面处处垂直的性质,从而绘出电场线的形状和分布,就可以知道整个电场的分布了.设计许多电子仪器,如电子显微镜、示波器等,都要用到这种方法.

人体生物电概述

人们发现,生存于地球上的生物体在其生命活动中,也同时存在有电的现象.我们把这种存在于生物体的电现象,叫做"生物电".生物电现象是生命活动的基本过程之一,生物电现象的研究对我们认识和揭示生命状态的本质,具有极其重大的意义.

在人体中,眼对光的刺激最敏感,耳对声音的刺激最敏感,鼻则主要感受气体中化学成分的变化,舌可感受液态的化学物质,皮肤能感受温度及触、压等刺激.外界的这些变化或刺激,为什么能被我们感觉得到呢?生理研究告诉我们,所有感觉器官在接受外界刺激后,都可以产生神经冲动,然后传到大脑,才被"感觉",各种刺激在转变为可传导的信息——神经冲动的过程都存在有电的变化.

法国杜蕙·雷蒙用连接电势差计的两个电极,一个放在眼睛的角膜上,另一个放在面部皮肤,结果发现,角膜上的电势比皮肤上的电势高 5~6mV.而当光照射眼球时,角膜上的电势也随之发生变化.这种电势变化也发生在视网膜,如果把视网膜的电势变化图形描记下来,这就是"视网膜电图".

用一根电极放在豚鼠内耳的圆窗上,另一根电极夹在动物头部肌肉上并接地,电路中接入放大器、示波器.当我们对准动物的耳朵说话或唱歌时,可以在荧光屏上看到相应的波形变化,这种电势变化,随着声音的强弱而改变.

鼻子所以能感受气态化学物质的刺激,是因为在鼻腔黏膜上分布有感受气态物质气味的一些嗅细胞.有人利用微电极插入嗅上皮,发现当有挥发性物质作用到这里时,就有电反应.如果把这种电反应图形从显示器的荧光屏上拍摄下来,就是"嗅电图".

1858年,法国克利克和牟勒,做了一个不需要电学仪器就能看到心电现象的实验:把一只兔子的胸腔打开,使心脏直接暴露出来.然后,取一个预先做好的青蛙神经肌肉标本.把标本的神经搭在正在跳动着的兔子心脏上.这时,可以清楚地看到,随着心脏的节律性跳动,神经肌肉标本的肌肉出现相应的节律性收缩和舒张.这是因为心脏在跳动时产生了电势变化,通过神经肌肉标本的神经传给了神经肌肉标本的肌肉,使其运动.

肌肉兴奋时,也跟心脏跳动一样,可以伴有电势变化,叫做"肌电".肌电能够通过组织导电作用,反映到皮肤表面上来.如果在体表的适当部位,放置两个电极,就可以记录到肌肉活动时发生的电势变化,这种肌肉兴奋时发生的电势变化图形,叫做"肌电图".

大脑皮质里的神经细胞,即使没有任何外加刺激,也会自发的产生兴奋,这种自发的兴奋,也伴有电势变化,这种电势变化叫做"脑电".脑电虽然来自脑组织内部,但也能通过颅骨反映到头皮表面上来.从头皮表面引来的脑电图形,就叫"脑电图".

链接

练习

A

一、填空题

1. 电场线用来形象描述_____.它是从_____出发,终止于_____的曲线,曲线上任一点的_____方向,就是该点的_____方向.

2. 电势能指_____.符号是_____,单位是_____.它是具有_____性的物理量.所以,在确定电荷在电场中某点电势能前,必须选好_____.

3. 从能量的角度描述电场性质的物理量是_____,公式_____,单位_____.它是_____量,只有_____,没有_____.因为电势能具有相对性,所以,_____也具有相对性;同样,在确定电场中某一点电势前,也必须选好_____.通常选_____为零电势点.

4. 在任何电场中,顺着电场线方向,电势的变化是_____.

5. 已知电场线由 M 指向 N,M、N 两点相比,_____点电势高,_____点电势低.

6. 匀强电场就是_____.其电场线特点是_____.

二、计算题

1. 匀强电场中,有一 $q = 2 \times 10^{-8}$C 的正电荷,置 a、b 两点时,电势能分别是 1×10^{-6}J 和 -2×10^{-7}J,求 a、b 两点的电势.

图 3-11

2. 如图 3-11,B、C、D、E 为同一电场线上的四点,电势差 $U_{BC} = U_{CD} = U_{DE} = 100$V,若 D 点接地,问:① 这四点电势高低的关系如何?② 求 B、C、D、E 各点电势值.

3. 在一匀强电场中,将一电量为 2×10^{-6}C 的正电荷从 A 点移到 B 点,电场力对电荷做负功,其值为 1×10^{-4}J,问:① A、B 两点间电势差是多大?② A 点和 B 点,哪一点的电势较高?

B

一、填空题

1. 在电场中某处放入检验电荷 q,当检验电荷的电量变成 q'、q'' 时,该点的电势_____变化,移去检验电荷,该点的电势仍_____,因为_____.

2. 选择不同位置作零电势时,电场中某点电势的数值会_____,但电场中任意两点间的电势差值却_____.这使物理学中用电势的差值比用电势更为普遍.

3. 等势面是_____.其性质是_____,_____.点电荷电场的等势面为_____面,匀强电场的等势面为_____面.

二、选择题

1. 真空中有 A、B 两个点电荷,它们的带电量为 Q_1、Q_2,若 $Q_1 = 4Q_2$,则 B 电荷受到的静电力 F_2 跟 A 电荷受到的静电力 F_1 的关系是　　　　　　　　　　　　 ( )

A. $F_2 = 4F_1$ 　　　B. $F_2 = \frac{1}{4}F_1$ 　　　C. $F_2 = -F_1$ 　　　D. $F_2 = -4F_1$

2. 下列说法正确的是　　　　　　　　　　　　　　　　　　　　 ( )

A. 电荷和电场同时存在,不可分割

B. 电场和电场线都是真实存在的

C. 选不同的点为零电势时,电场 A、B 两点有不同的电势值,而 A、B 两点之间的电势差值不变

D. 电场中电势为零的点,场强也为零

E. 在匀强电场中,场强处处相等,电势也处处相等

F. 电场中等势面总跟电场方向垂直

3. 关于电场线说法正确的是　　　　　　　　　　　　　　　　 ( )

A. 电场线是电荷在电场中运动的轨迹

B. 电场线不可以相交

C. 电场线的方向就是电荷受力的方向

D. 电场线表示电场方向,不可以表示电场大小

4. 下列说法正确的是　　　　　　　　　　　　　　　　　　　 ( )

A. 电场力对电荷做正功,电荷电势能增大

B. 外力克服电场力做正功,电荷的电势增加

C. 电场中沿电场线方向,场强一定越来越小

D. 沿电场线方向,电势一定越来越低

5. 如图 3-12 所示的匀强电场中 A、B 两点,正确的是 ( )

A. $E_A = E_B$,$U_A = U_B$ 　　　B. $E_A > E_B$,$U_A < U_B$

C. $E_A = E_B$,$U_A > U_B$ 　　　D. $E_A < E_B$,$U_A < U_B$

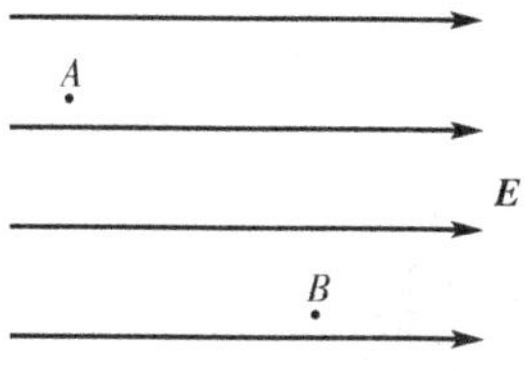

图 3-12

三、计算题

1. 设电场中 A、B 两点的电势差 $U_{AB} = 2.0 \times 10^2 V$,问:①选 A 点的电势为零时,B 点的电势是多少?②把电量 $q = -1.2 \times 10^{-8} C$ 的电荷从 A 移到 B,电场力做多少功?

2. 在静息状态时,细胞膜外聚集正电荷并均匀分布,膜内聚集等量的负电荷并均匀分布,从而使得膜内外有电势差存在.如果电势差为 $8.5 \times 10^{-2} V$.问:①选膜外电势为零时,膜内的电势是多大?②选膜内电势为零,膜外的电势是多大?③使带电量 $q = 1.60 \times 10^{-19} C$ 的钠离子从膜外进入膜内时,电场力做什么功,其值多少?

3. 在电场中有 a、b 两点,已知 $U_a = 50V$,$U_b = -50V$,问:①a、b 两点哪点电势高,两点间的电势差为多少?②把电量为 $2.0 \times 10^{-8} C$ 的正电荷从 b 点移到 a 点过程中,电场力做什么功?电荷

的电势能是增加还是减少?

第❷节 直 流 电

闭合电路欧姆定律

(一) 电源　电动势

想一想

电源在电路中起什么作用?

电源　能使电路两端保持电压,并向电路供给电能的装置叫做电源.例如:干电池、蓄电池和发电机等都是电源.

电动势　电源有两个电极,即正极和负极.正极的电势比负极的电势高,因而两极间有一定的电势差(电压).这样,当导体两端分别连接电源的正、负极时,导体中就有持续的电流流过.用电压表测量电源电压时,干电池两极间的电压为 1.5V,铅蓄电池为 2V,说明不同种类的电源,两极间的电压一般不相同.物理学上用电动势这个物理量来表征电源的这种特性.**电源的电动势,在数值上等于电源没有接入电路时两极间的电压.**用符号 $\mathscr{E}$ 表示电动势,单位是伏(V).

电源实质上是一种换能器,它是把其他形式的能转化为电能的装置.比如,干电池是由于化学作用(做功)的结果,使正电荷从负极移到正极,让两极带上等量异种电荷,从而保持了两极间 1.5V 的电压,这一过程是把化学能转化成电能的过程.蓄电池比干电池的电动势大,说明它把化学能转化成电能的本领比干电池大.可见电动势表征的是电源把其他形式的能转化为电能的本领.

◀**演示　观察**▶

电源没有接入电路时,两极间的电压等于电源电动势,把电源接入电路后,再用电压表测量两极间的电压时,发现所测得的数值比电源电动势小了,为什么有这个差异呢?

◀**讨论　探究**▶

图 3-13 所示电路,可看成是一个闭合电路,它由两部分组成:一部分是电源外部的电路叫做外电路;另一部分是电源内部的电路叫做内电路.内、外电路交接处是电源的电极,图中 A 是电势较高的正极,B 是电势较低的负极,内外电路都有电阻,分别叫做内电阻和外电阻,当电路中有电流流过时,外电路两端的电压叫做外电压,又叫做路端电压,简称端电压,电压表 Ⓥ 的示

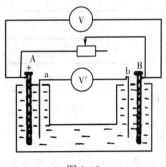

图 3-13

数是该电路的端电压;内电路两端的电压叫做内电压,电压表 Ⓥ 的示数是该电路的内电压.

闭合电路的内、外电压和电动势之间有什么关系呢?

图 3-13 中 A、B 分别是电源的正、负极,a、b 分别是位于电极内侧的探针.把滑动变阻器按图示接入电路.测量内、外电路的电压表 Ⓥ 和 Ⓥ 分别接到 a、b 和 A、B 上,实验表明,当改变内电阻或外电阻的大小时,电压表 Ⓥ 和 Ⓥ 的示数都要改变:当外电压 U 增大时,内电压 U' 就减小;当内电压 U' 增大时,外电压 U 就减小,而内、外电压的和总是一个恒量,并且这个恒量的大小,跟用电压表直接测得的电动势的大小是一致的,即

$$\mathscr{E} = U + U' \tag{3-8}$$

所以说,在闭合电路中,由于有内电压,才使电源两极间的电压小于电源电动势的.

(二) 闭合电路欧姆定律

◀ **探究** ▶

用 r 和 R 分别表示内、外电路的电阻,用 I 表示通过电路的电流,根据部分电路欧姆定律,外电压,即端电压 $U=IR$,内电压 $U'=Ir$,代入式(3-8)得

$$\mathscr{E} = IR + Ir$$

整理后得到电路里的电流为

$$I = \frac{\mathscr{E}}{R + r} \tag{3-9}$$

式(3-9)表明,**闭合电路中的电流,跟电源电动势成正比,跟该电路的总电阻成反比**.这就是**闭合电路欧姆定律**.

◀ **示范** ▶

[**例题3-5**] 　在图3-14中,当单刀双掷开关 K 扳到位置 1 时,外电路的电阻 R_1 为 14.0Ω,测得电流 I_1 为 0.20A;当 K 扳到位置 2 时,外电路的电阻 R_2 为 9.0Ω,测得电流 I_2 为 0.30A.求电源的电动势和内电阻.

解: 根据闭合电路的欧姆定律,可列出下面的联立方程:

$$\mathscr{E} = I_1 R_1 + I_1 r \qquad ①$$
$$\mathscr{E} = I_2 R_2 + I_2 r \qquad ②$$

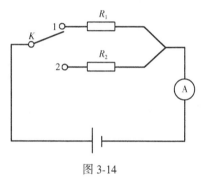

图3-14

由②-①后整理得 　$r = \dfrac{I_2 R_2 - I_1 R_1}{I_1 - I_2}$

$$= \frac{0.30 \times 9.0 - 0.20 \times 14.0}{0.20 - 0.30}$$

$$= 1.0(\Omega)$$

把 r 的值代入①或②中得

$$\mathscr{E} = 0.20 \times 14.0 + 0.20 \times 1.0 = 3.0(V)$$

答: 电源的电动势是3.0V,内电阻是1.0Ω.

<u>想一想</u>

路端电压 U 跟外电路电阻 R 间有何关系?

利用式(3-9)可以说明.当外电路电阻 R 增大时,由 $I=\dfrac{\mathscr{E}}{R+r}$,电流 I 要减小,而路端电压 $U=\mathscr{E}-Ir$ 就增大;反之,外电路的电阻 R 减小时,路端电压 U 也减小.

<u>说一说</u>

在用电器的使用或工作中,比较常见的两种电路故障你知道吗?

下面讨论两种特殊情况:

1. **断路**　外电阻 R 变成无限大,即外电路断路,I 变为零,Ir 也变为零,这时 $U=\mathscr{E}$,说明外电路断开时,路端电压等于电源电动势.

2. **短路**　外电阻 R 趋于零,即外电路短路,路端电压也趋于零,这时电流很大,趋近于 $\dfrac{\mathscr{E}}{r}$.

电源内阻 r 一般很小,例如,铅蓄电池的内电阻 r 只有 0.005~0.1Ω,所以,发生短路时电流很大,会烧坏电源,还可能引起火灾,为了防止短路带来的危害,电路中一定要安装保险装置.

笔记栏

(三) 电池组

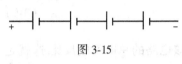

任何一个电池所能提供的电压都不会超过它的电动势,输出的电流也有一个最大的限度值,超过了这个限度,电池就要损坏.但在许多实际应用中,常常需要较高的电压或者较大的电流,你有办法解决这个问题吗?

这就要把 n 个电池连在一起使用.**连在一起使用的 n 个电池叫做电池组**.电池组一般都是用相同的电池组成的.电池的基本接法有两种:串联和并联.

串联电池组　把第一个电池的负极跟第二个电池的正极相连接,再把第二个电池的负极跟第三个电池的正极相连接,这样依次连接起来,就组成了串联电池组(图 3-15).第一个电池的正极就是电池组的正极,最后一个电池的负极就是电池组的负极.

图 3-15

串联电池组是由 n 个电池组成,且每个电池的电动势都是 $\mathscr{E}$,内电阻都是 r.由于断路时的路端电压等于电源的电动势,每一个电池的正极的电势比它的负极的电势高 $\mathscr{E}$,而前一个电池的负极和后一个电池的正极相连,这两个电极的电势相同.因此,串联电池组正极的电势比它的负极的电势高 $n\mathscr{E}$.整个电池组的电动势:

$$\mathscr{E}_{串} = n\mathscr{E}$$

由于电池是串联的,因而电池的内电阻也是串联的,所以,串联电池组的内电阻:

$$r_{串} = nr$$

根据式(3-9)可得,串联电池组在接上外电阻 R 后,闭合电路里的电流为

$$I = \frac{n\mathscr{E}}{R+nr} \tag{3-10}$$

并联电池组　把所有电池的正极连在一起,成为电池组的正极,把所有电池的负极连在一起,成为电池组的负极,就组成了并联电池组(图 3-16).

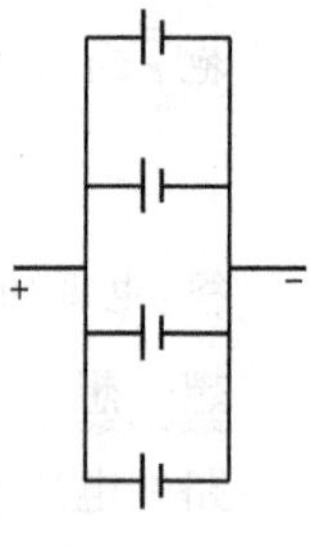

并联电池组是由 n 个电池组成的,且每个电池的电动势都是 $\mathscr{E}$,内电阻都是 r.由于导线连接的所有极板的电势都相同,并联电池组正负极间的电势差等于每个电池正负极间的电势差,而断路时正负极间的电势差等于电源的电动势.所以,并联电池组的电动势为

$$\mathscr{E}_{并} = \mathscr{E}$$

图 3-16

由于电池是并联的,因而电池的内电阻也是并联的,所以,并联电池组的内电阻为

$$r_{并} = \frac{r}{n}$$

根据式(3-9)可得,并联电池组在接上外电阻 R 后,闭合电路里的电流为

$$I = \frac{\mathscr{E}}{R + \dfrac{r}{n}} \tag{3-11}$$

在实际应用中,如果使用电池组的目的在于提高供电的电压,就应采用串联电池组供电.如果使用电池组的目的在于向外电路供给较大的电流,就应采用并联电池组供电.

用电器要在**额定电压**和**额定电流**下才能正常工作.如果电池的电动势和允许通过的最大电

流都小于用电器的额定电压和额定电流时,可以先组成 n 个串联电池组,使用电器得到需要的额定电压,再把这 n 个串联电池组并联起来,使每个电池实际通过的电流小于允许通过的最大电流.像这样把 **n 个串联电池组再并联起来组成的电池组**,叫做混联电池组.

直流电在医学上的应用

电泳 悬浮或溶解在电解质溶液中的带电微粒,在外加电场作用下定向移动的现象叫做**电泳**.这些微粒可以是细菌、病毒、球蛋白分子或合成的粒子等.由于带电粒子的分子质量、带电量和体积的不同,因而在电场作用下移动的速度不同,便可把不同的带电粒子分开.例如:在进行肝脏疾病诊断时,常做蛋白电泳检查,就是用电泳方法把血清中的血清蛋白、球蛋白等各种蛋白质的混合物分开,从而测定各蛋白质的百分率.较精细的电泳技术可把人体血清中的几十种蛋白质分开.因此,电泳技术在生化研究、制药、临床诊断等方面得到广泛应用.

电渗 在直流电场作用下,液体(水)通过毛细管或多孔吸附剂等物质(如火棉胶膜、组织膜、羊皮纸等)的现象,叫做**电渗**.如在直流电场下,人体组织中的水(带正电)要通过膜孔向阴极迁移,使阳极下组织中的水分减少,细胞膜变得致密,通透性降低;阴极下组织中的水分增多,细胞膜变得疏松,通透性增高.

直流电疗 利用直流电来达到治疗疾病的目的,叫做**直流电疗**.直流电有明显的促进血液循环的作用.在直流电极下的皮肤有明显充血,局部血流量增加,皮肤温度升高 $0.3 \sim 0.5$℃.达到镇痛、抗炎、兴奋、调节自主神经和升高(或降低)血压等效果.如果用离子透入疗法则效果更好.离子透入疗法就是利用直流电使药等离子经皮肤进入机体的方法.例如,在阳极可把带正电的链霉素离子、黄链素离子等透入体内;在阴极可把带负电的溴离子、碘离子、青霉素离子等透入体内.此法主要适用于较浅组织的治疗,如皮肤、黏膜、眼、耳、鼻等部位.至今应用的药物已达 100 种以上,其中包括金属离子、非金属离子、植物碱,荨麻疹药物及麻醉剂、抗生素、维生素、激素以及中药等.临床上还用来测定病人对各种药物的过敏反应.青霉素过敏反应试验器就是根据这一原理制成的.

◀ **练习** ▶

A

一、填空题

1. 电源的作用是_____;电源的电动势在数值上等于_____.当电源接入外电路时,电源两极间的电压实质是_____电压,而不是_____.

2. 闭合电路包括_____电路和_____电路;电动势等于_____与_____之和.

3. 闭合欧姆定律研究的是_____、_____、_____三者的关系?其中_____与_____成正比;_____与_____成反比.

4. 端电压与外电阻的关系:R 减小,U_____;R 增大,U_____.

5. 断路时,外电阻 $R =$_____,这时 $I =$_____,因此内电压 $U' =$_____,由 $U = \mathscr{E} - Ir$ 知 $U =$_____;短路时,$R =$_____,$U =$_____,$I =$_____,电流变得很大带来危害.

二、计算题

1. 电池的内电阻是 0.1Ω,外路两端的电压是 $1.8V$,电路里的电流强度是 $2A$.求电池的电动势.

2. 电动势为 $2.0V$ 的电源,与 0.9Ω 的电阻接成闭合回路,这时电源两极间的电压是 $1.8V$.求电源的内电阻.

3. 电池的电动势为 $2.0V$,内电阻为 0.1Ω 与外电阻形成闭合回路,端电压为 $1.6V$.求外电阻.

4. 电池电动势是3V,内电阻为0.05Ω,电路中电流是1A,求路端电压和外电阻.

B

一、问答题

1. 部分欧姆定律与闭合欧姆定律有什么异同点?

2. 路端电压升高,说明外电路工作的用电器增多还是减少? 路端电压突然下降,又说明了什么?

3. 一切电池提供的电压和允许通过的电流是有限的,如果实际电路需要较高电压或强电流时,你将怎么办?

二、计算题

1. 一个闭合电路,电池的电动势为1.5V,内电阻为0.3Ω,外电阻是R.在下列情况下,求电路中的电流和路端电压.

①$R = 2.7Ω$ ②$R = 0$ ③$R \to \infty$

2. 在图3-17中,当单刀双掷开关K扳到位置1时,外电路的电阻R_1为14.0Ω,测得电压U_1为2.8V;当K扳到位置2时,外电路的电阻R_2为9.0Ω,测得电压U_2为2.7V.求电源的电动势和内电阻.

3. 在图3-18的电路中,电阻$R_1 = 3Ω$,$R_2 = 3.5Ω$,电压表的示数为9V,电池的内阻为1.5Ω,求电源的电动势.

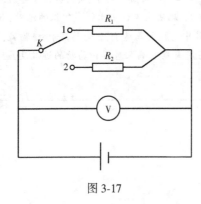

图 3-17

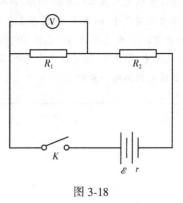

图 3-18

(杨素英)

第 4 章 电 磁 学

人类很早就观察到了磁现象和电现象.我国古书《吕氏春秋》里就有"慈石招铁"的说法；在战国时期就制作了指南针；在东汉时期就有"顿牟掇芥"，即带电的琥珀吸引轻小物体的记载.但在相当长的一段时期里，人们曾认为电和磁是两类截然分开的、互不相关的孤立的现象.直到1820年，丹麦科学家奥斯特(1771—1851)和法国物理学家安培(1775—1836)等科学家先后发现了电流的磁场和磁场对电流的作用，及1831年英国物理学家法拉第(1791—1867)发现了电磁感应现象以后，人们才逐渐认识到磁现象和电现象的本质及它们之间的联系.发电机、电动机、电话、电视及各种医用电子设备都是电和磁相互转化的应用实例.

本章主要学习磁场、电磁感应现象及电磁学在医学上的应用.

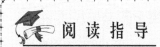
阅读指导

本章知识目标

一、磁场

1. 什么是磁场？磁场中某一点的磁场方向如何确定？
2. 磁场中某一点的磁场的强弱(大小)怎样定量确定？
3. 为什么引入磁感线？它怎样表示磁场的大小和方向？
4. 直线电流、环形电流、通电螺线管的磁场方向怎样判断？
5. 匀强磁场有何特点？
6. 磁通量的物理意义是什么？它跟哪几个因素有关？

二、电磁感应

1. 什么叫电磁感应现象？产生感生电流的条件是什么？
2. 楞次定律的内容是什么？怎样利用楞次定律判断感生电流方向？
3. 什么叫感生电动势？法拉第电磁感应定律揭示了什么？

第 1 节 磁 场

磁 场

(一) 磁场

◀ 回顾 ▶

磁场 在初中我们学过,磁极周围的空间存在着磁场,磁场对放入其中的磁极有磁场力的作用；奥斯特的磁效应也告诉我们,通电导线周围的空间也存在着磁场,磁场对放入其中的通电导线有磁场力的作用.如图 4-1(a)所示,两条平行直导线通以相同方向的电流时,它们相互吸引.如图 4-1(b)所示,两条平行直导线通以方向相反的电流,它们互相排斥.为什么会发生这种现象呢? 这是由于每条通电导线都是处在另一条通电导线的磁场里,因而受到了磁场力的作用.图 4-1 所示的实验表明,电流间也像磁极间一样有相互作用,电流间的相互作用也是通过磁场发生的.

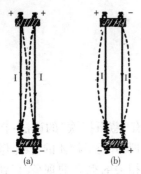

图 4-1　电流间的相互作用

综上所述,**磁场是存在于磁极或电流周围的一种特殊物质**,磁极与磁极间、磁极与电流间、电流和电流间的相互作用都是通过磁场发生的.

磁场这种物质看不见、摸不着,但我们却可以从它表现出的特性来研究它、认识它.磁场最基本特性是它对放入其中的磁极或电流有磁场力的作用.

磁场的方向　把小磁针放在磁砀中任一点,可以看到,小磁针因受到磁场力的作用,它的两极静止时不再指向南北方向,而指向其他方向.在磁场中不同处小磁针指的方向不同,这个事实说明,磁场是有方向的.我们规定:**在磁场中的任意一点,小磁针北极受力的方向,即小磁针静止时北极所指的方向为该点的磁场方向.**

认一认

既然磁场看不见、摸不着,而且各点的磁场方向不同,那么跟电场中利用电场线来形象地描写各点的电场方向相类比,我们也可以用假想的曲线来形象地描写各点的磁场方向.

磁感线　我们可以在磁场中画出一系列带箭头的曲线,使曲线上每一点处的切线方向都跟该点的磁场方向一致,这样画出的曲线就叫做**磁感线**(图 4-2).

图 4-2　一条磁感线

磁感线的形状也可以用实验来观察:把一块玻璃板(或白纸板)水平地放在磁场中,在板面上均匀地撒一些细铁屑然后轻敲玻璃板,在磁场中被磁化成"小磁针"的细铁屑会发生偏转,最后静止时,细铁屑排列成规则的曲线形状,这是磁感线的形象表示.图 4-3~图 4-6 分别是永磁体和直线电流、环形电流、通电螺线管的磁场的磁感线形状.

图 4-3 是**条形磁铁**和**蹄形磁铁**磁场的磁感线分布:磁铁外部的磁感线从磁铁的北极出发,回到磁铁的南极.图 4-4 是**直线电流的磁场**:用右手握住导线,让伸直的大拇指所指的方向同电流的方向一致,弯曲的四指所指的方向就是磁感线环绕的方向.图 4-5 是**环形电流的磁场**:让右手弯曲的四指和环形电流的方向一致,伸直的大拇指所指的方向就是环形导线中心轴上磁感线的方向.图 4-6 是**通电螺线管的磁场**:用右手握住螺线管让弯曲的四指所指的方向跟电流的方向一致,大拇指所指的方向就是螺线管内部磁感线的方向,即大拇指所指的那端就是通电螺线管的北极.磁感线是无头无尾的闭合曲线.

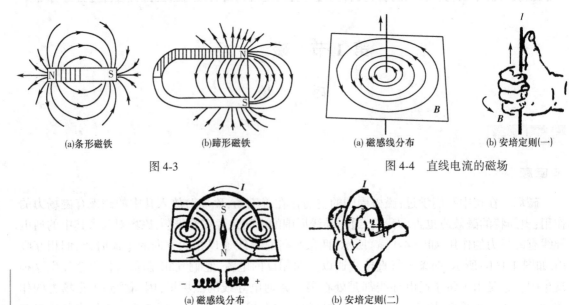

(a)条形磁铁　　　　(b)蹄形磁铁　　　　(a) 磁感线分布　　　　(b) 安培定则(一)

图 4-3　　　　　　　　　　　图 4-4　直线电流的磁场

(a) 磁感线分布　　　　(b) 安培定则(二)

图 4-5　环形电流的磁场

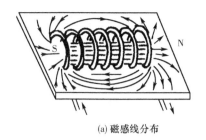

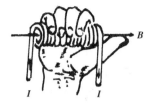

(a) 磁感线分布　　　　　　　(b) 安培定则(二)

图4-6　通电螺线管的磁场

(二) 磁感强度　磁通量

想一想

跟电场相似,看不见、摸不着的磁场不仅有方向性,而且强弱也不同,怎样确定磁场的强弱?

磁感强度　磁场的基本特性是对放入其中的磁极或电流有磁场力的作用.为了研究磁场的强弱,我们在磁场中放入一小段通电导线探讨电流在磁场中受到的磁场力的情形,然后找出表示磁场强弱的物理量.

◀ **探究　抽象** ▶

实验已使我们知道,把一小段通电导线放入磁场中的某处,当导线(电流方向)跟该处的磁场方向都沿同一条直线时,它受到的磁场力最小,等于零;当导线(电流方向)跟该处的磁场方向垂直时,它受到的磁场力最大;当导线(电流方向)跟该处的磁场方向斜交时,它受到的磁场力介于零和最大值之间.

为了确定起见,现把一小段通电导线垂直放入磁场中,也就是使通电电流的方向与该处的磁场方向垂直(图4-7).实验表明:改变导线中通过的电流强度时,导线受到的磁场力也随着改变,并有磁场力 F 跟电流强度 I 成正比;改变导线的长度时,导线受到的磁场力也随着改变,且有磁场力 F 跟导线长度 L 成正比,或者说跟 IL 的乘积成正比,即:$F \propto IL$.无论怎样改变电流强度 I 和导线长度 L,乘积 IL 增大多少倍,F 也随之增大多少倍.因此,$\dfrac{F}{IL}$ 比值是一个跟 I、L 都无关的恒量.在磁场中不同的位置,这个比值一般是不相同的.比值大的地方,磁场强;比值小的地方,磁场弱.因此,这个比值能反映磁场本身的一种属性.

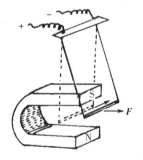

图4-7　磁场对电流的作用

在磁场中垂直于磁场方向放入的一小段通电导线,受到的磁场力 F,跟电流强度 I 和导线长度 L 的乘积的比值,叫做通电导线所在处的磁感强度. 用 B 表示磁感强度,那么:

$$B = \frac{F}{IL} \tag{4-1}$$

磁感强度的单位由力、电流和长度的单位决定.在国际单位制中,磁感强度的单位是特斯拉,简称特(符号是 T).1 米(m)长的导线,通过 1 安(A)的电流,在磁场中所受到的磁场力是 1 牛顿(N),则该处的磁感强度就是 1 特斯拉.

$$1\ \text{特斯拉} = 1\ \frac{\text{牛}}{\text{安·米}}$$

磁感强度是从力的观点来描述磁场性质的物理量,它是矢量,磁场中某点磁感强度的方向就是该点的磁场方向,也就是小磁针在该处静止时北极的指向.

一般永久磁铁附近的磁感强度大约是 0.4~0.7T,在电机和变压器的铁心中,磁感强度可达

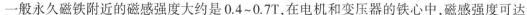

0.8~1.4T,通过超导材料的强电流的磁感强度可高达 1000T,而地面附近地磁场的磁感强度大约只有 5×10^{-5}T.人体心脏的磁场,其磁感强度仅为地磁场的 1/100 万左右,是非常微弱的.

在式(4-1)中,B、I、F 三者的方向可用**左手定则**判断.伸开左手,使大拇指跟其余四个手指垂直,并且都跟手掌在一个平面内,把左手放入磁场中,让磁感线垂直穿入手心,并使伸开的四指指向电流方向,那么拇指所指的方向,就是通电导线在磁场中受到的磁场力的方向(图4-8).

匀强磁场　如果在磁场中某一区域里,磁感强度的大小和方向处处相同,那么,这一区域的磁场就叫做**匀强磁场**.如图 4-9 所示,距离相当近的两个平行的异性磁极间的磁场(除边缘附近)可看作是匀强磁场.

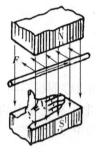

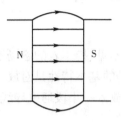

图 4-8　左手定则　　　　　　　　　图 4-9　匀强磁场

想一想

磁感强度描述的是每一点的磁场,而在研究电磁现象时,还常常需要描述一个给定面内的磁场.为此,需要引入一个新的物理量,它叫什么呢?

磁通量　**穿过某一面积的磁感线条数**,叫做穿过这个面的磁通量.简称**磁通**,用 Φ 表示.

◀ **抽象** ▶

为了说明问题方便,规定:在垂直于磁场方向的单位面积上所画的磁感线的条数跟那里的磁感强度的数值相同,那么,在匀强磁场中,穿过跟磁场方向垂直的面积 S 的磁通就为

$$\Phi = BS \tag{4-2}$$

在国际单位制中,磁通的单位是韦伯,简称韦(符号 Wb),1 韦 = 1 特·米²(1Wb = 1T·m²).

从图 4-10 所示中看出,同一平面,当它跟磁场方向垂直时[图 4-10(a)],磁通最大;当平面跟磁场方向平行时[图 4-10(c)],没有磁感线穿过这个面,磁通为零.

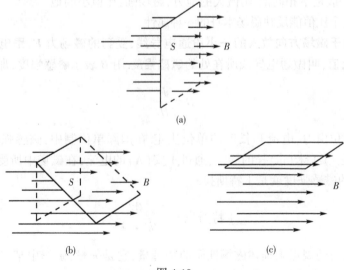

(a)

(b)　　　　　　　　　　　　　(c)

图 4-10

生物磁与磁在医疗上的应用

现代科学的发展已经证明,磁性是物质的一种基本属性,任何物体都具有磁性,而且在生命活动中会产生磁场,这就是**生物的磁现象**.生物磁是很微弱的,如心脏磁场的磁感强度约为 $10^{-11} \sim 10^{-9}$T,脑磁场的磁感强度约为 $10^{-13} \sim 10^{-12}$T.这样弱的磁场,需要极灵敏的磁场计才能进行测量.由于地磁场(磁感强度约为 10^{-5}T)和电器设备的电磁干扰,需要在性能良好的磁屏蔽室才能测得无干扰的人体磁场.把心磁场随时间的变化记录下来,就是**心磁图**.把脑磁场随时间的变化记录下来,就是**脑磁图**.心磁图和心电图相比,具有下列优点:无接触电极干扰;可以测出肌肉和神经损伤时所出现的直流电的磁场,这一信息可用于诊断.例如,如果心脏病发作前存在着损伤电流的话,用心磁图可以记录此损伤电流的磁场,而心电图是不可能获得这一直流信息的.同样,脑磁图也能得到脑电图所不能得到的信息.

反过来,外界的磁场又在不同程度上影响着生物的生命活动,这就是**磁场的生物效应**,简称生物磁效应.例如:家鸽可利用地磁来辨别方向;老鼠在地磁屏蔽的环境中寿命要缩短;在强磁场的作用下,番茄会早结果、小麦会早熟、蚕会早作茧等.近年来,磁的生物效应愈来愈引起人们的注意,磁场对人体的神经、体液、血细胞、血脂等都有一定影响.例如,磁场能增强白细胞吞噬细菌的能力,有扩张毛细血管调节微循环的作用,能增强内分泌腺的功能.因此,利用磁场能治疗一些疾病,这种治疗方法称为磁疗.磁疗主要有以下几种:

1. **静磁疗法** 即用稀土钴合金或钕铁硼合金永磁材料做成各种形状的器具,如磁片、磁珠、磁腰带等贴敷于患部,产生恒磁场作用于肌体,磁感强度一般为 $0.04 \sim 0.3$T,此疗法有抗炎、止痛、止泻、镇静、促进毛细血管增生及表皮生成、抑制肿瘤等作用,对痰症、妇女痛经、颈椎病、哮喘、癫痫等病有较好疗效.

2. **经络磁疗法** 是以经络学为依据,将传统的中医理论,特别是针灸理论与现代医学相结合,把小磁块(磁场)作用于疾病相应的穴位表面,通过磁场激发经络产生循环效应,调整气血,促进血液循环、新陈代谢,在体内诱发热能,以达治疗目的,这一疗法,在 20 世纪 70 年代广泛应用于内、外、妇、五官及皮肤科的有关疾病的治疗.

3. **复合磁场疗法** 20 世纪 80 年代后期,磁场从静磁场发展成为复合磁场.疗法不但产生多变磁场,还可产生脉冲磁场.复合磁场对精神疾病、青光眼、白内障、高血压等多种疾病有良好的治疗效果.

4. **磁化水疗法** 水经磁化处理,水的理化功能发生变化,即:使水的黏度和表面张力系数减小,保持有生物效应的活性水,叫做**磁化水**.磁化水能增高渗透压、改善通透性、增强消化功能、创造消化吸收营养物质的生理条件.磁化水还能延缓人体细胞衰老、抑制结石的形成,对已形成的结石还有溶解、促排作用.磁化水在保健中得到了很好的应用.

接 链

▶**练习**◀

A

一、填空题

1. 磁场是存在于_____或_____周围空间的一种特殊物质.磁场中某一点的磁场方向,规定为小磁针_____.

2. 磁感线用来形象描述_____,对于磁体的外部,磁感线是从_____发,回到_____曲线.曲线上任意点的_____方向,就是该点的_____方向,跟电场线相似,磁感线的三个特点分别是①_____;②_____;③_____.

3. 从力的观点来描述磁场性质的物理量是_____,是_____(矢量,标量),它的大小定义式为_____.国际单位是_____,符号是_____.

4. 匀强磁场指_____.例如:_____间的磁场(除边缘附近),可看作是匀强磁场.

5. 在磁场中某处垂直放入一小段通电导线,当通电电流强度或通电导线的长度发生变化时,该处的磁感强度_____变化;如果移去通电导线,该处的磁感强度_____变化,因为_____.

6. 磁通量的物理意义_____.磁通的公式_____,国际单位_____,符号_____.磁通量由两个因素决定,分别是_____和_____.

二、问答题、计算题

1. 画出条形、蹄形磁铁的磁场.

2. 如何判断直线电流、环形电流、通电螺线管的磁场?

3. 图4-11是放在磁场中的小磁针,试根据小磁针受到的磁场力说明它将怎样转,以及静止在哪个方向?

4. 图4-12所示,当小磁针北极指向读者时,问导线 AB 中电流的方向?

5. 图4-13所示,试确定电源的正极和负极.

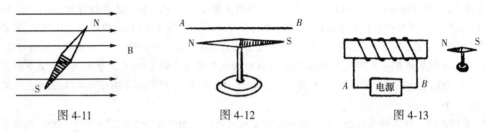

图 4-11   图 4-12   图 4-13

6. 长 0.10m 的导线,放入匀强磁场中,它的方向和磁场方向垂直,如果导线中通过的电流是 0.30A,它受到的磁场力是 $1.5×10^{-3}$N,磁场的磁感强度是多少 T?

7. 已知面积为 $1.0×10^{-3}$m^2 的平面 S,在磁感强度 B 为 0.40T 的匀强磁场中,问在下面两种情况下,穿过平面的磁通量为多少?

(1) 平面与磁感线垂直时.

(2) 平面与磁感线平行时.

B

一、判断题

1. 图4-14所示,小磁针在一匀强磁场中,受力转动,静止时 N 极指向正上方,画出匀强磁场的方向.

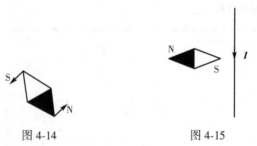

图 4-14   图 4-15

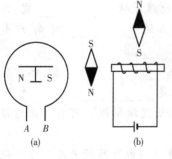

图 4-16

2. 图4-15所示通电电流的方向,试画出小磁针的转动方向.

3. 图4-16中,当电流通过导线时,图4-16(a)中磁针北极指向读者,问导线中的电流方向.图4-16(b)中,画出线圈附近小磁针的偏转方向.

4. 在图4-17中,标出通电导线所受磁场力 **F** 的方向.

5. 图4-18是通电导线在磁场中的受力图,试将图中缺画的电流或受力或磁场方向标画出来.

笔记栏

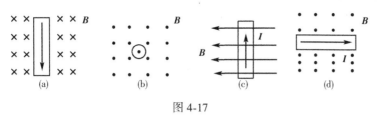

图 4-17

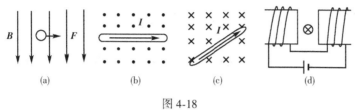

图 4-18

二、计算题

1. 一根导线垂直放入匀强磁场中,导线通以 0.1A 的电流后,它受到 1.5×10^{-3}N 的磁场力作用,如果磁场强度为 5×10^{-2}T,问导线多长?

2. 已知 20cm 的导线,垂直放入匀强磁场中,通电流后,它受到 3.0×10^{-3}N 的磁场力作用,已知磁场的磁感强度是 2.5×10^{-2}T,问通电电流是多少?

3. 有一电磁铁,截面积为 6.0cm^2,已知垂直穿过此面积的磁通量为 2.25×10^{-4}Wb,求磁感强度.

第 2 节 电 磁 感 应

电 磁 感 应

想一想

在奥斯特发现了电流的磁效应以后,人们自然想到:既然电流能产生磁场,反过来磁场是不是也能产生电流呢?

英国物理学家法拉第在 1831 年终于发现了这个现象:变化的磁场能使闭合电路中产生电流.法拉第的这一发现是 19 世纪最伟大的科学成就之一,它使电能的大规模生产和利用成为可能,它对电学理论的发展、生产技术的提高起巨大的、决定性的作用.

(一) 电磁感应现象

想一想

怎样利用磁场来产生电流呢?

◀ **演示 观察** ▶

现在用图 4-19 所示的实验来说明.闭合电路的一部分导体 ab 在磁场中:①如果导线 ab 在垂直于磁感线的方向上运动,即导线 ab 做切割磁感线运动时,电流计的指针发生偏转,表示闭合电路中有电流通过.②如果导线 ab 在磁场中静止不动或 ab 平行于磁感线方向运动,也就是导线沿着磁感线方向运动,电流计的指针不发生偏转,表示闭合电路中没有电流.这样,从观察导线在磁场中的运动情况得到如下结论:闭合电路的一部分导体在磁场里做切割磁感线运动时,导体中就有电流产生.

透过直观的实验现象,电路中产生电流的根本原因是什么呢?

◀分析　归纳▶

1. 当闭合电路的一部分导体 ab 在磁场里做切割磁感线运动时,如果 ab 向右运动,穿过闭合电路的磁通量增加;如果 ab 向左运动,穿过闭合电路的磁通量减少,这两种情况下都有电流产生.

2. 当闭合电路的一部分导体 ab 在磁场里静止不动或在平行于磁感线的方向上运动时,穿过闭合电路的磁通量没有变化,这两种情况下都没有电流产生.总结起来可得如下结论:

只要穿过闭合电路的磁通量发生变化,闭合电路中就有电流产生.这种现象叫做**电磁感应现象**,产生的电流叫做**感生电流**.

想一想

在图 4-19 演示现象中,我们发现当部分导体 ab 向右运动和 ab 向左运动时,电流计的指针两次摆动方向相反,这表明在不同条件下感生电流的方向是不同的.那么,我们怎样来判断感生电流方向呢?

◀回顾▶

感生电流的方向可以用**右手定则**来判断.如图 4-20 所示,伸开右手,使大拇指跟其余四指垂直,并且跟手掌在一个平面内,让磁感线垂直穿过手心,并使拇指指向导体的运动方向,这时其余四指所指的方向就是感生电流的方向.

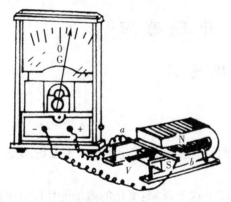
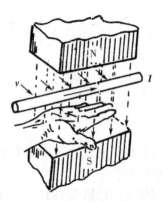

图 4-19　电磁感应现象(一)　　　　图 4-20　右手定则

(二) 楞次定律

◀演示　观察▶

图 4-21　电磁感应现象(二)

如图 4-21 所示,把线圈和电流计连接起来.当线圈与磁铁之间没有相对运动时,穿过线圈的磁通量不发生变化,闭合电路中没有感生电流,电流计的指针不动.当线圈与磁铁之间有相对运动时,即把条形磁铁插入线圈,或者从线圈中取出时,穿过线圈的磁通量分别增加或减少,也就是穿过线圈的磁通量发生了变化,闭合电路中有感生电流,电流计的指针发生偏转.我们还会发现,电流计的指针有时向右摆动,有时向左摆动,这说明磁铁在插入线圈和从线圈中取出时,这两个过程中产生的感生电流的方向是不同的.

笔记栏

想一想

在图4-21所示的演示现象中,感生电流的方向用右手定则能否判断出来呢? 如果不能, 还有其他的方法吗?

感生电流的方向也可以用楞次定律来判断.楞次定律是德国的物理学家楞次在1834年发现的.下面,我们利用图4-22所示的实验来研究楞次定律的内容.

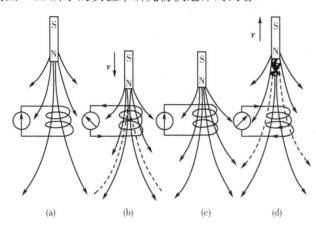

图4-22 研究楞次定律的实验

◀分析 探究▶

如图4-22中的(a)和(b)所示,当把磁铁接近线圈时,穿过线圈的磁通量增加,由电流计指针的偏转方向可知感生电流的方向;再根据安培定则可知,这时感生电流的磁场方向(用虚线表示)跟线圈中原来由磁铁产生的磁场方向相反,这表示感生电流的磁场阻碍线圈中原来磁通量的增加.

如图4-22中的(c)和(d)所示,当磁铁离开线圈时,穿过线圈的磁通量减少,由电流计指针的偏转方向可知感生电流的方向,再根据安培定则可知,这时感生电流的磁场方向(用虚线表示)跟线圈中原来由磁铁产生的磁场方向相同,这表示感生电流的磁场阻碍线圈中原来磁通量的减少.

楞次得出结论:**感生电流的方向,总是要使感生电流的磁场阻碍引起感生电流的磁通量的变化**,这就是**楞次定律**.

◀评注▶

1. 右手定则和楞次定律的说法虽然不一样,但二者在判断感生电流方向时,判断出的结果是完全一致的.也就是说,在研究具体问题时,无论利用哪一种结论,所得到的结果是完全一样的.

2. 在研究具体问题时,有的情况下(图4-19)用前一种结论比较方便,有的情况下(图4-21)用后一种结论比较方便.

3. 后一种结论比前一种结论更具有概括性,可以把前一种结论看作是后一种结论的特殊情况.

(三) 法拉第电磁感应定律

想一想

电流是怎样产生的? 既然在电磁感应现象中有电流产生,闭合电路中一定有哪个物理量存在?

感生电动势 我们知道,要使闭合电路中有电流通过,这个电路必须有电源,电流就是由电源的电动势引起的.同样,在电磁感应现象中,既然闭合电路里有感生电流,这个电路中就一定有电动势.**在电磁感应现象中产生的电动势**,叫做感生电动势.不管外电路是否闭合,只要穿过电路的磁通量发生变化,电路中就有感生电动势存在.如果外电路是闭合的,电路中才有感生电流.

想一想

在电磁感应现象中,感生电动势的大小跟什么因素有关呢?

◀ **演示　探究** ▶

法拉第电磁感应定律　我们在电磁感应现象的演示实验中可以看到:当导线 ab 切割磁感线越快或磁铁插入、抽出越快,即磁通量变化越快时,感生电流越大,感生电动势就越大;当导线 ab 切割运动越慢,或磁铁插入、抽出越慢,即磁通量变化越慢时,感生电流越小,感生电动势就越小.可见感生电动势的大小跟穿过电路的磁通量变化的快慢有关.磁通变化的快慢,可以用磁通的改变量 $\Delta\Phi = \Phi_{末} - \Phi_{初}$ 和变化所需的时间 Δt 的比值来 $\dfrac{\Delta\Phi}{\Delta t}$ 表示,这个比值叫磁通量的变化率.法拉第根据大量事实总结出如下的定律:

电路中感生电动势的大小,跟穿过这一电路的磁通量的变化率成正比,这就是**法拉第电磁感应定律**.用 $\mathscr{E}$ 表示感生电动势,可写成下面的公式:

$$\mathscr{E} = K\left|\frac{\Delta\Phi}{\Delta t}\right|$$

式中,K 是比例系数,它的数值跟单位选择有关,在国际单位制中,$\Delta\Phi$、Δt、$\mathscr{E}$ 分别用韦(Wb)、秒(s)和伏(V)作单位,这时 $K=1$,上式可改写成

$$\mathscr{E} = \left|\frac{\Delta\Phi}{\Delta t}\right|$$

在实际工作中,为了获得较大的感生电动势,常采用多匝线圈,由于穿过每匝线圈的磁通量的变化率都相同,而 n 匝线圈可以看做是由 n 个单匝线圈串联而成的,因此整个线圈中感生电动势为

$$\mathscr{E} = n\left|\frac{\Delta\Phi}{\Delta t}\right| \tag{4-3}$$

◀ **示范** ▶

[例题 4-1]　匀强磁场的磁感强度为 0.10T,矩形线框的框面与磁场垂直,线框运动前处在磁场中的面积为 10m², 当线框以 5.0m/s 的速度,运动了 1.0s 后,线框在磁场中的面积为 7.0m²,整个线框的电阻为 0.50Ω.求感生电动势的大小、感生电流的大小.

解:由 $\mathscr{E} = \left|\dfrac{\Delta\Phi}{\Delta t}\right|$

又$\because |\Delta\Phi| = |\Phi_{末} - \Phi_{初}| = |0.10\times 7.0 - 0.10\times 10| = 0.30(\text{Wb})$

$\therefore \mathscr{E} = \left|\dfrac{\Delta\Phi}{\Delta t}\right| = \dfrac{0.30}{1.0} = 0.30(\text{V})$

再由 $I = \dfrac{\mathscr{E}}{R+r}$

得 $I = \dfrac{0.30}{0.50} = 0.60(\text{A})$

答:感生电动势的大小为 0.30V.感生电流的大小为 0.60A.

◀ **练习** ▶

A

一、填空题

1. 电磁感应现象指＿＿＿＿＿＿＿＿＿＿＿＿＿＿＿＿＿＿＿＿＿＿＿.可见,判断能否产生感

生电流的依据是_____.

2. 引起磁通量变化的因素有_____和_____,通常比较简单的有两种情况①B 为匀强磁场,恒定不变,而_____变,使 Φ 随之变化.②闭合电路在磁场中的面积 S 不变,而_____变,使 Φ 随之变化.

3. 当磁铁接近线圈时,线圈中就有感生电流产生,电流的磁场跟磁铁的磁场方向_____,阻碍磁通的_____;当磁铁离开线圈时,线圈中产生的感生电流的磁场跟磁铁的磁场方向_____,阻碍磁通_____.总之,感生电流的磁场总是阻碍_____.

4. 不管电路是否闭合,只要_____,就有_____产生.当穿过某电路的磁通量发生变化时,如果电路是断开的,只有_____存在,而没有_____产生;如果电路是闭合的,既有_____存在,又有_____产生.

5. 感生电动势的大小跟_____成正比,公式为_____,其中 $\Delta\Phi$ 是_____,Δt 为_____,n 为_____.

二、问答题、计算题

1. 试用右手定则确定图 4-23 中的感生电流方向、导线运动方向或磁场方向.

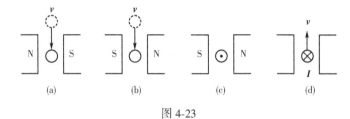

图 4-23

2. 如图 4-24 所示,请指出当蹄形磁铁向下运动时,导线中的感生电流的方向和磁针转动方向.

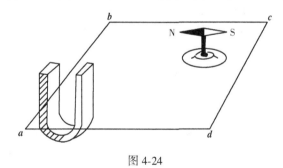

图 4-24

3. 图 4-25 中,矩形金属框的平面和感磁线平行,问在下列情况下,框中有无感生电流? 如果有感生电流,请指出感生电流的方向.

(1) 金属框沿着磁感线的方向移动时.

(2) 金属框沿着垂直于磁感线的方向移动时.

(3) 金属框绕 OO' 轴转动时.

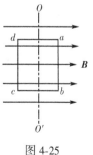

4. 有一个 50 匝的线圈,穿过它的磁通量在 2s 内由零均匀地增加到 0.40Wb,求线圈中产生的感生电动势的大小.

图 4-25

5. 一个若干匝的线圈,穿过它的磁通量在 4s 内由 0.30Wb 增加到 1.1Wb,在线圈中产生 10V 的感生电动势,问线圈有多少匝?

6. 有一个 100 匝的线圈,穿过它的磁通量在 3s 内由 0.4Wb 均匀增加到多少 Wb,才能使线圈中产生 5V 的感生电动势?

B

一、选择题

1. 下面正确的是 （ ）

 A. 磁感线的切线方向与小磁针北极指向是一致的,都表示 B 的方向

 B. 磁感线只能表示磁场方向,不能表示磁场大小

 C. B 的方向由通电导线的受力方向确定

 D. 匀强磁场中,磁感强度的大小处处相等,只是方向不同

2. 下面正确的是 （ ）

 A. 磁感强度 B 的大小,由通电导线受力的大小决定

 B. B、I、F 都是矢量,它们的方向由左手定则确定

 C. 磁感强度的大小跟通电导线受力的大小和导线长度、电流强弱都没关系

 D. B、I、F 之间方向关系,也可由右手定则确定

3. 下面正确的是 （ ）

 A. 磁通量指磁场中磁感线的总条数

 B. 一个闭合面,只要有磁感线穿过,就有电流产生

 C. 穿过闭合电路的 Φ 大,感生电动势就大

 D. 穿过闭合电路的 Φ 变化大,感生电流就大

 E. 穿过闭合电路的 Φ 变化快,产生的感生电流就大

4. (1) 确定线圈中感生电流方向用 （ ）

 (2) 已知直线电流方向,确定磁场方向用 （ ）

 A. 安培定则(一)   B. 安培定则(二)

 C. 右手定则   D. 左手定则 E. 楞次定律

5. 将一根条形磁铁以不同的速度先后插入一个闭合线圈时,以下说法正确的是 （ ）

 A. 线圈中磁通量的变化量相同 B. 线圈中磁通量的变化率相同

 C. 产生的感生电动势相同   D. 产生的感生电流不相同

6. 关于感生电流的磁场方向和原来磁场方向关系的说法正确的是 （ ）

 A. 感生电流的磁场方向总是与原磁场方向相同

 B. 感生电流的磁场方向总是与原磁场方向相反

 C. 当引起感生电流的磁通量增加时,感生电流的磁场方向和原磁场方向相同

 D. 当引起感生电流的磁通量减少时,感生电流的磁场方向和原磁场方向相同

二、问答题、计算题

1. 图4-26 线圈 $abcd$ 垂直于磁感线,其 ab 边已在磁场外,现将线框向右拉出磁场,问线框中会产生感生电流吗？ 如果有,请指出方向.

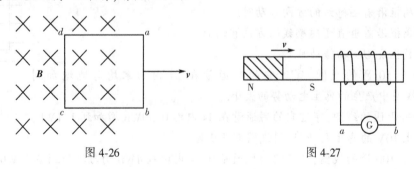

    图 4-26   图 4-27

笔记栏

2. 如图4-27所示,一条形磁铁自左向右靠近闭合线圈,在这过程中电流计的指针摆动吗？

3. 图4-28中,长直导线 AB 中通有电流 I,矩形金属框的一对边与导线平行,试确定在下列情况下,金属框中有无感生电流?如果有方向如何?

（1）矩形金属框在纸面内向右移动.

（2）以 AB 为轴转动.

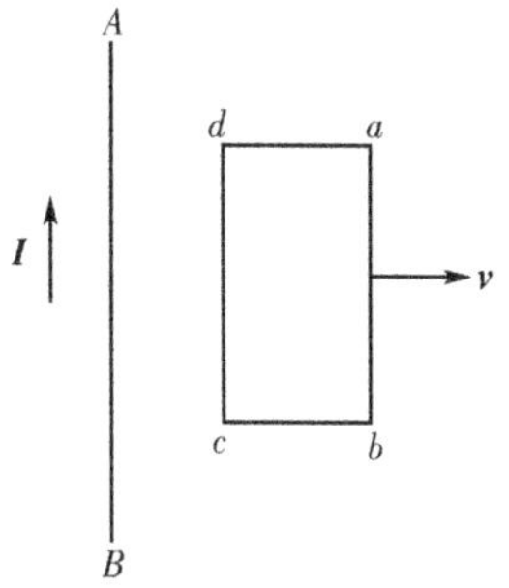

4. 一线圈有300匝,穿过它的磁通量在0.01s内由 6×10^{-2} Wb 减小到 3×10^{-2} Wb,求线圈中感生电动势大小.

5. 500匝的线圈,要在线圈中产生100V感生电动势,问穿过线圈的磁通量应在0.002s内增加多少Wb才行?

6. 一线圈,穿过它的磁通量在0.01s内由 4×10^{-2} Wb 增加到 5×10^{-2} Wb,已知产生了50V感生电动势,问线圈有多少匝?

图 4-28

（王庆亮）

第 5 章 几何光学

光对人类非常重要,我们能够看到外部世界丰富多彩的景象,就是因为眼睛接收到了光.光与人类生活和社会实践有密切关系,据统计人类由感觉器官接收到的信息中有90%以上是通过眼睛得来的.

按研究目的不同,光学知识可大致分为两大类:一类是利用光线的概念研究光的传播规律,这类光学称为几何光学;另一类主要研究光的本质属性(包括光的波动性和粒子性)以及光和物质的相互作用规律,通常称为物理光学.我们这里只学习几何光学知识.

几何光学是以光沿直线传播为基础,利用几何知识来研究光的一些性质和规律.几何光学原理是许多光学仪器研制的基础,特别是医学光学仪器,如显微镜、检眼镜、纤维内镜、分光光度计、光电比色计等仪器的理论基础.本章我们将学习几何光学的基本规律及几种常见的医学光学仪器.

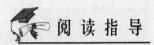

阅读指导

本章知识目标

一、光的折射　全反射

1. 光的折射遵从什么规律?
2. 什么叫相对折射率、绝对折射率? 二者关系如何? 它们的大小各自跟哪些因素有关?
3. 什么叫全反射现象? 这一现象在什么条件下才会发生?
4. 全反射现象有哪些应用? 这个原理具体在医学上有什么应用?

二、棱镜　透镜

1. 棱镜对光线的偏折规律怎样?
2. 透镜分几类? 如何解释凸透镜会聚光线、凹透镜发散光线的作用?
3. 哪三条光线是通过透镜的特殊光线? 如何利用它们作透镜成像图?
4. 两种透镜的成像规律是怎样的?
5. 透镜成像公式如何? 应用时要注意哪些问题?
6. 像的放大率怎样计算?

三、眼睛　光学仪器

1. 眼睛的光学结构怎样? 为什么远近不同的物体人眼都能看清?
2. 常见的异常眼有哪几种? 它们各有何特点? 分别配戴什么眼镜矫正?
3. 放大镜是什么透镜? 放大率怎样计算?
4. 显微镜的结构是怎样的? 如何计算它的放大率? 其光路图如何?
5. 检眼镜的光学原理怎样?

第 1 节　光的折射　全反射

光的折射　全反射

(一) 光的折射

说一说

一些现象,如池水"变浅"、插入水中的铅笔好像在水面处折断了、海市蜃楼和沙漠蜃景等,你能揭开这些神秘现象的面纱吗?

回顾

光线从一种均匀介质斜射入另一种均匀介质(如从空气到水,或从玻璃到空气等)时,在两种介质的分界面上,一部分光线返回原来的介质,另一部分光线进入另一种介质.前一种情况叫做光的反射,后一种情况叫做光的折射(图 5-1).

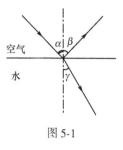

在初中我们已学过光反射时遵从的规律——光的反射定律.

(1)反射线在入射线和通过入射点的法线所决定的平面内,反射线和入射线分居在法线的两侧.

图 5-1

(2)反射角等于入射角.

在反射现象中光路是可逆的.

想一想

光折射时,是否也遵从什么规律呢?

◀**探讨**▶

用图 5-1 研究这个问题.使光线从空气(称为 1 介质)进入水(称为 2 介质)里,当光线垂直射到空气和水的界面时,入射角为零,折射角也为零,光线传播方向不变;当光线斜射到界面上时,就会看到折射现象,改变入射角 α 的大小,折射角 r 随着改变.记下每次的入射角和相应的折射角的大小,经过计算可以得出:它们的正弦之比,即 $\dfrac{\sin\alpha}{\sin r}$ 是一个常数.如果改用玻璃代替水重做这个实验,结果发现 $\dfrac{\sin\alpha}{\sin r}$ 仍是一个常数,但它的比值与用水时的比值不同.经过多次实验,总结出了光在两种介质的分界面上折射时所遵循的规律.

光的折射定律

(1)折射线在入射线和通过入射点的法线所决定的平面内,折射线和入射线分居在法线的两侧.

(2)入射角 α 的正弦和折射角 r 的正弦之比,对于给定的两种介质来说,总是一个常数,即 $\dfrac{\sin\alpha}{\sin r}=$ 常数.

在折射现象中,光路也是可逆的.

折射率 在折射定律中 $\dfrac{\sin\alpha}{\sin r}$ 的比值,跟给定的两种介质有关,并且"比值"越大,光线发生的折射越明显,所以常称"比值"叫做第二种介质相对于第一种介质的折射率,又叫做相对折射率,用"n_{21}"表示:

$$n_{21}=\frac{\sin\alpha}{\sin r} \tag{5-1}$$

相对折射率 n_{21} 是反映光线通过两种介质分界面时的偏折程度的物理量.n_{21} 越大,光线偏折程度越大;n_{21} 越接近 1,光线偏折程度越小.

想一想

光线为什么会在两种介质的分界面发生折射现象呢?

简单地说,这是因为两种介质的分子对光的作用不同,使光在两种介质中传播的速度也不同,从而使光的传播方向偏离了原来方向,便发生了折射现象.因此,相对折射率跟光在介质中的传播速度一定有关.

经过实验证明:两种介质的相对折射率 n_{21},总是等于光在第一、二种介质中的传播速度 v_1 和 v_2 之比,即

笔记栏

$$n_{21} = \frac{v_1}{v_2} \tag{5-2}$$

◀扩展▶

光从**真空**射入某种介质发生折射时的折射率叫做这种介质的**绝对折射率**,简称**折射率**,用 n 表示:

$$n = \frac{\sin\alpha}{\sin r}$$

设光在真空中的传播速度为 c,在介质中的传播速度为 v,由 $n_{21} = \frac{v_1}{v_2}$,则

$$n = \frac{c}{v} \tag{5-3}$$

如光从真空射入水时,水的折射率 $n = 1.33$,从真空射入某种玻璃时,玻璃的折射率 $n = 1.55$ 等.表 5-1 列出了十六种介质折射率.

表 5-1　十六种介质的折射率

介质	折射率	介质	折射率	介质	折射率
水	1.33	水晶	1.54	乙醇	1.36
水蒸气	1.026	甘油	1.47	乙醚	1.35
角膜	1.376	冰	1.31	萤石	1.43
房水	1.336	石英	1.46	真空	1.0
晶状体	1.424	玻璃	1.5~2.0	空气	1.0003
玻璃体	1.336	金刚石	2.4		

空气的光学性质和真空的光学性质很接近,空气的折射率可以近似取为1(实际为 1.0003).
设第一种介质折射率为 n_1,第二种介质折射率为 n_2,则有

$$n_1 = \frac{c}{v_1}, n_2 = \frac{c}{v_2}$$

上两式相比得

$$n_{21} = \frac{n_2}{n_1} \tag{5-4}$$

这就是相对折射率与绝对折射率的关系.

光密介质　光疏介质　当两种介质相比较时,我们把光在其中传播速度快的介质叫做光疏介质;光在其中传播速度慢的介质叫做光密介质.另外,光疏介质的折射率小,光密介质的折射率大.由于光在真空中的速度 $c = 2.997\ 924\ 58\times10^8 \text{m/s}$(一般可以认为空气中的光速和真空中的光速相同),比光在其他各种介质中的传播速度都大.所以,真空(或空气)与其他所有介质相比,真空(或空气)都称得上是光疏介质.

◀示范▶

[**例题 5-1**]　光线从空气进入玻璃,设玻璃的折射率为 1.52,当入射角是 $30°$ 时,问折射角是多大?
解:已知 $n_空 \approx 1$, $n_水 = 1.52$

由式(5-1)和式(5-4)　$\frac{\sin\alpha}{\sin r} = \frac{n_2}{n_1} = \frac{n_水}{n_空}$

所以 $\sin r = \frac{n_空}{n_水} \cdot \sin\alpha = \frac{1}{1.52} \cdot \sin30° = 0.3289$

得 $r \approx 20°$

答：折射角是20°.

[例题5-2] 已知光在水中的速度 $v_水 = \dfrac{3}{4}c$,光在金刚石中的速度 $v_金 = \dfrac{1}{2.4}c$.问水和金刚石的折射率各为多少？水和金刚石相比,哪个是光密介质?

解：由式(5-3)得 $n_水 = \dfrac{c}{v_水} = \dfrac{c}{\dfrac{3}{4}c} = 1.33$

$$n_金 = \dfrac{c}{v_金} = \dfrac{c}{\dfrac{1}{2.4}c} = 2.4$$

$n_金 > n_水$,故金刚石是光密介质.

答：水的折射率为1.33,金刚石的折射率为2.4.水和金刚石相比,金刚石为光密介质.

(二) 全反射

全反射现象　前面讲过,光在两种不同介质的界面上一般要同时发生反射和折射现象.光的折射现象,我们可以把它分两种情况：第一种是光从光疏介质射入光密介质,如从空气射入水中,这时折射角总是小于入射角；第二种是光从光密介质射入光疏介质,如从水中射入空气,这时折射角总大于入射角.

想一想

当光从光密介质进入光疏介质时,在一定条件下是否有奇特现象发生呢?

◀ 演示　观察 ▶

用图5-2所示的装置.让光线从水里(光密介质)投射到水和空气(光疏介质)界面上,这时会看到光线在此界面上分成了两部分：一部分光线按照光的反射定律反射；另一部分光线折入空气中,且折射角大于入射角.如果转动镜子M,使光线的入射角渐次增大,进入空气的折射线就偏离法线越来越远；同时,折射的光线越来越弱,而反射的光线则越来越强,最后,当入射角增大到某一定值时,折射角变成了90°,这时的入射角称为**临界角**,用 A 表示.如果再增大入射角,光线就完全不进入空气,而全部从界面处返回水里(图5-3所示).像这种：**入射光线在分界面上发生光线全部反射的现象**,叫做光的全反射.

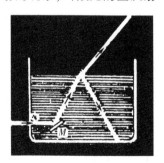
图5-2　光线在水和空气界面上的反射、折射现象

图5-3　全反射

想一想

全反射现象在什么情况下才会发生呢?

如果让光线从光疏介质射入光密介质.例如由空气射入玻璃中,逐步增大入射角,却总有折射光线不会发生全反射现象.可见,发生全反射的条件：①光线从光密介质射入光疏介质.②入射角大于临界角(A).

◀ 评注 ▶

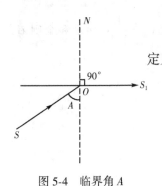

图 5-4 临界角 A

在全反射现象中,同样遵从光的反射定律;同时,光路也是可逆的.

临界角的计算　当光线从光密介质进入光疏介质时,根据临界角的定义,有

$$\frac{\sin A}{\sin 90°} = \frac{n_2}{n_1} = \frac{n_{疏}}{n_{密}}$$

所以,临界角 A 表达式: $\sin A = \dfrac{n_{疏}}{n_{密}}$

如果光线从光密介质射入空气时,临界角的计算可表达为

$$\sin A = \frac{1}{n_{密}} \tag{5-5}$$

表 5-2　几种物质的临界角

物质	临界角	物质	临界角
水	48.7°	玻璃	30°~42°
乙醇	47°	二硫化碳	38°
甘油	42.9°	金刚石	24.5°

◀ 示范 ▶

[例题 5-3]　求水的临界角.

解:查表 5-1,水的折射率 $n_水 = 1.33$,空气的折射率 $n_空 \approx 1$,所以

$$\sin A = \frac{1}{n_水} = \frac{1}{1.33} = 0.752$$

查表得 A=48.7°.

答:水的临界角等于 48.7°.

全反射现象的应用

全反射现象在自然界中是常见的.如在水里或玻璃里的气泡,由于光在水或玻璃跟空气的界面上发生全反射现象,因此气泡显得较为明亮,对于海市蜃楼、沙漠蜃景等现象,同学们自己就可以用光的折射与全反射知识、结合空气层物质密度的变化做出解释.

全反射现象的一个非常重要的应用就是利用光导纤维(简称光纤)来传光、导像.光纤为光学窥视、光通讯等的实现奠定了基础,从而在科学研究、光学仪器、通讯国防、医学等方向有着重要的应用,是近代技术在光学领域中的一个重要分支.

通过一定的技术把玻璃(或石英、塑料等材料)拉成非常细的丝,称为芯线,直径只有几微米到100μm左右,在其外表面涂一层折射率比芯线低的物质(称为包层),这种分内外两层(芯线和包层)的丝叫**光导纤维**,简称**光纤**.由于芯线的折射率比包层的折射率大,若光线以一定投射角(大于临界角)从一端射入,光从芯线射向包层时发生全反射,光沿芯线曲折前进,这样光在芯线内从光纤的一端传输到另一端(图5-5).如果把许多光纤并成一束,并使束中各条光纤的相对位置保持不变,就可以用来传递图像(图5-6、图5-7).医学上利用这一原理,用光纤制成观察人体内脏的内镜,如支气管镜、食管镜、胃镜、膀胱镜、腹腔镜和子宫镜等,随着光纤的进一步发展,用于结肠、十二指肠以及血管、肾脏和胆道等的内镜相继问世,可以断言,它的发展前景是不可限量的,它将为医学事业的发展开辟新的途径.

接链

图 5-5　光纤导光原理

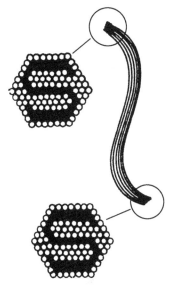

图 5-6　光纤导像示意图

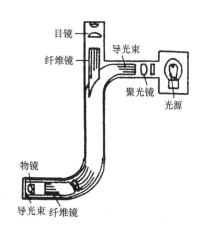

图 5-7　光纤导光导像

◀ 练习 ▶

A

一、填空题

1. 光的反射定律①_____,②_____.光的折射定律①_____,②_____.

2. 相对折射率等于_____正弦跟_____正弦的比值.用_____表示,称为第_____介质相对于第_____介质的折射率;绝对折射率指_____.用_____表示.

3. 折射率表征_____,折射率越大,表示_____;折射率越接近1,表示_____;当折射率等于1时,表示_____.

4. 光在某种介质中的速度越大,这种介质的折射率就越_____,光在真空中速度最大,$c =$ _____,真空的折射率为_____.

5. 全反射指_____的现象.只有光线从光_____介质投射到光_____介质,而且入射角_____时,才会发生全反射.

6. 光从介质1进入介质2,反射角为35°,折射角为40°,那么介质_____是光密介质,介质_____是光疏介质.

7. 已知某介质对空气的临界角是45°,有一条光线由该介质射入空气中,若入射角为45°,则折射角为_____.

8. 已知水的折射率为1.33,光线从空气中垂直射向水面时,入射角等于_____,折射角等于_____.

9. 相对折射率跟入射角、折射角的关系为 $n_{21} =$ _____,跟光在两种介质中传播速度的关系为 $n_{21} =$ _____,跟两种介质绝对折射率的关系是 $n_{21} =$ _____.

10. 已知水的折射率 $n_{水} = 1.33$,玻璃的折射率 $n_{玻} = 1.5$,则光在水中的传播速度为_____ ×

笔记栏

10^8 m/s, 水与玻璃相比, 光疏介质是＿＿＿＿＿＿, 光密介质是＿＿＿＿＿＿.

二、选择题

1. 关于介质的折射率正确的是 （　　）

　　A. 与光速有关, 光速大的折射率大　　　　B. 与光速有关, 光速小的折射率大

　　C. 随折射角的增大而大　　　　D. 可小于1　　　　E. 必大于1

2. 某种介质对空气的折射率是 1.414, 一束光线从该介质射向空气, 入射角为 60°, 它的光路图是图 5-8 中的哪一个(已知 1 为空气, 2 为介质) （　　）

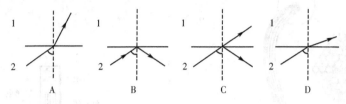

图 5-8

3. 从水中射入空气的光线发生全反射时, 入射角为 （　　）

　　A. 任意大小　　　B. 小于 48.7°　　　C. 大于 48.7°　　　D. 等于 48.7°

4. 光在两种介质分界面处发生全反射的条件是 （　　）

　　A. 光线从光密介质进入光疏介质时, 即可发生全反射

　　B. 光线由光疏介质进入光密介质, 且入射角等于临界角时一定发生全反射

　　C. 入射角大于临界角时, 即可发生全反射

　　D. 光线由光密介质进入光疏介质, 且入射角大于临界角时一定发生全反射

5. 折射率是 $\sqrt{2}$ 的介质, 它的临界角是 （　　）

　　A. 30°　　　B. 75°　　　C. 60°　　　D. 45°　　　E. 90°

6. 若甲介质的折射率大于乙介质的折射率, 当光从甲介质射入乙介质时, 下列说法正确的是 （　　）

　　A. 折射角小于入射角　　　　　　B. 折射角大于入射角

　　C. 折射角等于入射角　　　　　　D. 甲为光疏介质

　　E. 光速度关系是 $v_甲 > v_乙$　　　　F. 光速度关系为 $v_甲 < v_乙$

7. 人在岸上看到水中的鱼, 其实是 （　　）

　　A. 原深度鱼的实像　　　　　　B. 变深了的鱼的实像

　　C. 变浅了的鱼的实像　　　　　　D. 变深了的鱼的虚像

　　E. 变浅了的鱼的虚像

8. 光线由真空射到玻璃表面, 与界面夹角 60°, $n_玻 = 1.5$, 则光在界面上反射时, 反射角大小和发生折射时的折射角的正弦是 （　　）

　　A. 60°, $\frac{\sqrt{2}}{3}$　　　B. 30°, $\frac{1}{3}$　　　C. 30°, $\frac{2}{3}$　　　D. 60°, $\frac{1}{4}$　　　E. 30°, $\frac{1}{2}$

9. 下面说法正确的是 （　　）

　　A. 光射到介质界面上时, 必发生反射现象, 也一定发生折射现象

　　B. 折射现象、全反射现象中光路都是可逆的

　　C. 折射中, 入射角增 10°, 折射角也增 10°

　　D. 光线垂直入射时, 入射角是 90°, 折射角是 0°.

　　E. 折射角总小于入射角.

　　F. 折射角有时大于入射角, 有时小于入射角, 有时也可等于入射角

10. 光从介质甲斜射向介质乙的分界面, 但没有进入介质乙, 下面的判断是正确的, 除了 （　　）

笔记栏

　　A. 甲是光密介质, 乙是光疏介质　　　　B. 甲是光疏介质, 乙是光密介质

C. 入射角>临界角 　　　　　　　D. 光由乙射向甲,不发生全反射

E. 光在甲中传播速度小

B

一、问答题、画图题

1. 试述光纤是如何传光、导像的? 在医学临床上有哪些应用?

2. 完成下列光路图(图 5-9)(图中都是主截面为直角等腰三角形的棱镜).

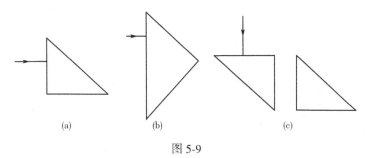

(a)　　　　　　(b)　　　　　　(c)

图 5-9

二、计算题

1. 光从空气射到某介质的界面,入射线与界面的夹角为 30°,这时反射线恰好与折射线垂直,求这种介质的折射率及光在该介质中的传播速度.

2. 一束光线以 60° 入射角从甲介质射入乙介质,折射角为 45°,已知 $n_乙 = \sqrt{3}$,试判断甲介质可能是什么物质.

3. 分别计算光从玻璃、金刚石、水里射到空气时的临界角.

4. 在书[例题 5-2]中的已知条件如果不变,分别求金刚石相对于水和水相对于金刚石的折射率各是多少? 两个折射率有何关系?

第 ❷ 节　透　　镜

棱镜　透镜

(一) 棱镜

画一画

从空气射入玻璃棱镜的光线,折射时向何处偏折?

主截面是三角形的玻璃棱镜叫三棱镜,简称为棱镜(图 5-10).图 5-11 中用 ABC 表示棱镜,光线进出的两交界面 AB 和 AC 叫做折射面,这两折射面所夹的角 φ 叫做折射顶角,跟折射顶角相对的一面叫棱镜的底面.

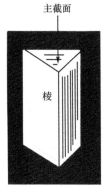

图 5-10　三棱镜立体图

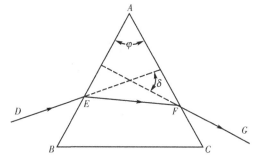

图 5-11　通过棱镜的光线

光线 *DE* 由空气入射到 *AB* 面上,沿 *EF* 方向折入棱镜,再沿 *FG* 方向折射进入空气.按光的折射定律可知,**光线经过两次折射,都向棱镜的底面即厚度大的部分偏折**.入射线 *DE* 的延长线和折射线 *FG* 的反向延长线所夹的 δ 叫做**偏向角**.偏向角能表示光线经过棱镜折射后传播方向改变的程度.

(二) 透镜

认一认

透镜有哪几种? 它们的折光特点有什么不同?

图 5-12　各类透镜

A、B、C 为凸透镜;D、E、F 为凹透镜

透镜的分类　透镜一般是用玻璃制成的光学元件.它是折射面为两个球面,或一个球面一个平面的透明体.图 5-12 表示各种透镜的截面,其中 A、B、C 三种透镜都是中央厚、边缘薄叫做**凸透镜**;D、E、F 三种透镜都是中央薄、边缘厚叫做**凹透镜**.

凸透镜和凹透镜的光学性质见图 5-13;我们可以把凸、凹透镜看作是由许多小棱镜组合而成的总体.由于三棱镜使光线向厚的一边偏折,对于凸透镜来说厚的部分在中央,所以凸透镜能使光线偏向中央而会聚,因此,凸透镜又叫做**会聚透镜**;对于凹透镜来说厚的部分在边缘,所以凹透镜能使光线偏向边缘而发散,因此凹透镜又叫做**发散透镜**,各种透镜的中央部分都不会使光线改变原来的传播方向.

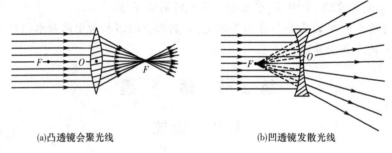

(a)凸透镜会聚光线　　　　　　(b)凹透镜发散光线

图 5-13　透镜的光学性质

说一说

什么是透镜的主光轴、光心、焦点和焦距? 凸透镜与凹透镜的焦点和焦距有什么不同?

透镜的主光轴　光心　焦点和焦距　透镜的两个球面都有各自的球心,通过两球心的直线叫做**主光轴**.如果透镜的厚度比球面的半径小得多,这样的透镜叫做**薄透镜**.对于薄透镜两个球面的顶点 C_1 和 C_2 可以看作是重合在透镜中心的一点 *O* 上,*O* 叫做透镜的**光心**,光心就在主光轴上(图 5-14).光心的光学性质是**通过光心的光线方向不变**,即通过光心的光线仍按原方向作直线传播.

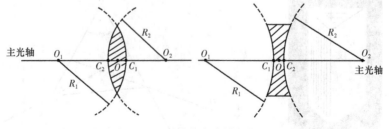

图 5-14　透镜的主光轴和光心

笔记栏

作图时一般用通过光心并跟主光轴垂直的直线来表示薄透镜(图 5-15),左图表示凸透镜,

右图表示凹透镜.

对于位于空气中的透镜,如果一束平行于主轴的近轴光线射到透镜上,通过透镜折射后的光线或它们的反向延长线会聚于主光轴上的同一点 F, F 点叫做透镜的**焦点**.对于凸透镜 F 点是实际光线会聚的点叫做**实焦点**;对凹透镜 F 点是折射光线反向延长线的会聚点,不是实际光线会聚的点,叫做**虚焦点**.从光心到焦点的距离 OF 叫做透镜的**焦距**,通常用 f 表示.任何透镜都有两个焦点,分别位于透镜的两侧,同一透镜的两个焦距相等(图 5-16).

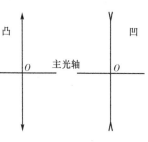

图 5-15 透镜的表示

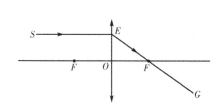

图 5-16 透镜的焦点 F 和焦距 OF

为了区别虚和实,我们常把凸透镜的焦距规定为正值,凹透镜的焦距规定为负值.

想一想

焦距长短不同的透镜对光线的偏折本领有什么差异呢?

透镜的焦度 透镜的焦距 f 越短, $\frac{1}{f}$ 的数值就越大,折光的本领就越强.因此,用 $\frac{1}{f}$ 可以表示凸透镜会聚光线或凹透镜发散光线的本领.**透镜焦距的倒数** $\frac{1}{f}$,叫做透镜的**焦度**,用 D 表示,即

$$D = \frac{1}{f} \tag{5-6}$$

焦度的国际单位是屈光度.透镜的焦距是 1m 时,焦度为 1 屈光度,屈光度数值的 100 倍,就是通常说的眼镜的度数.1 屈光度 = 100 度.

凸透镜镜片的焦度是正值;凹透镜镜片的焦度是负值.

◀ **示范** ▶

[例题 5-4] 一凹透镜的焦距是 40cm,透镜的焦度是多少屈光度?合多少度?

解:已知 $f = -40\text{cm} = -0.4\text{m}$

由式(5-6) $D = \frac{1}{f}$

得 $D = \frac{1}{-0.4}$

$= -2.5$(屈光度)

-2.5(屈光度) $= -250$ 度.

答:透镜的焦度是 -2.5 屈光度,度数是 -250 度.

想一想

如何用作图法确定物体的像呢?

透镜成像作图 从同一发光点发出的近轴光线,通过透镜折射后会聚于一点,这一点是发光点的像.为了确定发光点的像,只要找到从这点发出的任意两条近轴光线在折射以后的交点就行了.常用的方法是从下面的三条典型光线中任意取两条找到它们折射后的交点.这三条典型光线:

(1)平行于主光轴的光线(SC),通过透镜后交于后焦点 F.

（2）通过光心的光线(SO），沿原直线方向前进,不改变方向.

（3）经过前焦点 F 的光线(SD），通过透镜后平行于主光轴（图 5-17）.

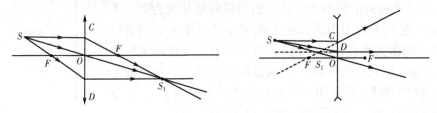

图 5-17　透镜成像三条代表光线作图法

只要掌握了这三条曲型光线的折射规律就能把透镜的成像性质,包括位置、大小、倒正、虚实情况绘制出来,我们一般用 u 表示物距, v 表示像距.

图 5-18 和图 5-19 是凸透镜成像两种实例的作图方法.

若物体 AB 位于凸透镜一倍焦距到两倍焦距之间,在透镜另一侧的二倍焦距之外,生成一个放大的、倒立的实像 A_1B_1（图 5-18）.若物体 AB 位于凸透镜焦点之内,在 AB 的同侧生成一个正立的、放大的虚像 A_1B_1（图 5-19）.

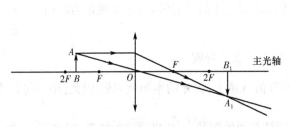

图 5-18　凸透镜成像实例一

（$f<u<2f$ 的情形）

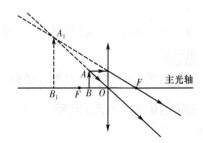

图 5-19　凸透镜成像实例二

（$u<f$ 的情形）

◀ 观察 归纳 ▶

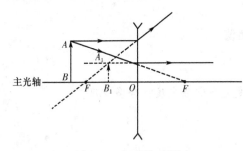

图 5-20　凹透镜成像

从作图可知,凸透镜成像的特点:实像总是跟物体分居在透镜的两侧,且是倒立的;虚像总是跟物体居在透镜的同侧,且是正立的.凹透镜成像的特点:无论物体 AB 放在凹透镜的焦点之外还是焦点之内,生成的像总是跟物体居在透镜的同侧,是一个缩小、正立的虚像 A_1B_1（图 5-20,表 5-3）.

表 5-3　透镜成像的性质和作用

透镜	物的位置	像的性质				应用
		像的位置	像的大小	倒或正	虚或实	
凸透镜	$u=\infty$	异侧 $v=f$	缩小为一点	一点	实像	测焦距
	$\infty>u>2f$	异侧 $f<v<2f$	缩小	倒立	实像	眼睛、照相机
	$u=2f$	异侧 $v=2f$	等大	倒立	实像	获倒立图像
	$2f>u>f$	异侧 $2f<v<\infty$	放大	倒立	实像	幻灯机、显微镜的物镜
	$u=f$	异侧 $v=\infty$	无像	无像	无像	探照灯
	$u<f$	同侧 $v<0$	放大	正立	虚像	放大镜、显微镜的目镜
凹透镜	在主光轴任意位置	同侧 $v<0$	缩小	正立	虚像	近视眼镜

由上述可知,透镜成像的共同特点:**实像与物位于透镜两侧,是倒立的;虚像与物位于透镜同侧,是正立的**.

透镜成像规律是几何光学仪器成像原理的基础,又是透镜成像公式导出的基础.

想一想

如何精确地确定物、像的位置? 物距、像距、焦距三者之间是否有一定的关系?

透镜成像数学公式　透镜成像公式可用几何方法导出(图 5-21).图中 AB 是物体,A_1B_1 是物体的像,u 是物距,v 是像距,f 是焦距.

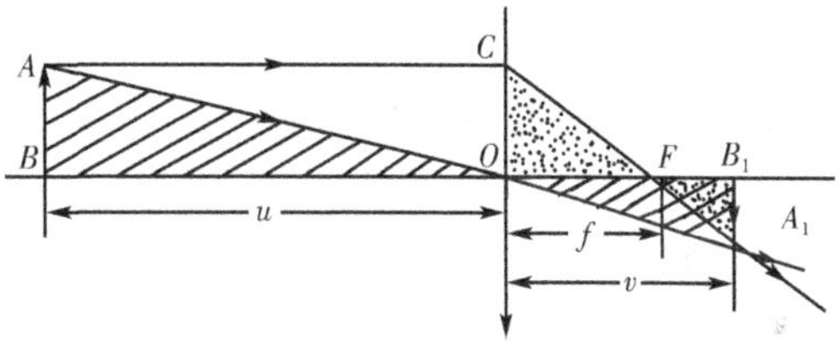

因为　$\triangle ABO \backsim \triangle A_1B_1O$

所以　$\dfrac{AB}{A_1B_1} = \dfrac{BO}{B_1O}$ 　　①

又因为　$\triangle COF \backsim \triangle A_1B_1F$

所以　$\dfrac{CO}{A_1B_1} = \dfrac{OF}{B_1F}$ 　　②

因为　$AB = CO$

所以　$\dfrac{BO}{B_1O} = \dfrac{OF}{B_1F}$ 　　③

式中,$OF = f,B_1F = v-f,BO = u,B_1O = v$ 代入③

因此　$\dfrac{u}{v} = \dfrac{f}{v-f}$ 　　④

化简④得透镜成像公式是

$$\frac{1}{u} + \frac{1}{v} = \frac{1}{f} \tag{5-7}$$

图 5-21　透镜成像公式原理图

◀ **评注** ▶

1. 透镜成像公式同样适用于凹透镜.

2. 应用透镜成像公式时,要特别注意符号:①物距 u 取为正值.②凸透镜焦距 f 取正值,凹透镜焦距 f 取负值.③实像像距 v 取正值,虚像像距 v 取负值.

像放大率　像的长度 A_1B_1 跟物体长度 AB 的比叫做像的放大率.常用 K 表示,即

$$K = \frac{像长}{物长} = \frac{A_1B_1}{AB}$$

由图 5-21,$\triangle ABO \backsim \triangle A_1B_1O$

$$\frac{A_1B_1}{AB} = \frac{v}{u}$$

因为像的放大率只取正值,因此

$$K = \left| \frac{v}{u} \right| \tag{5-8}$$

◀ **示范** ▶

[例题 5-5]　有一个凸透镜,焦距是 4cm,如果得到放大 2 倍的实像,问物体应放在离透镜多远的地方? 如果要得到放大 2 倍的虚像,物体又应放在什么地方?

解:根据题意,已知 $f = 4\text{cm},K = 2$

由于 $K = \left| \dfrac{v}{u} \right|$

成实像时 v 取正,则 $v=2u$;成虚像时 v 取负,则 $v=-2u$

由式(5-7): $\dfrac{1}{u}+\dfrac{1}{v}=\dfrac{1}{f}$

当成实像时得 $\dfrac{1}{u}+\dfrac{1}{2u}=\dfrac{1}{4}$

所以 $u=6\text{cm}$

当成虚像时得 $\dfrac{1}{u}-\dfrac{1}{2u}=\dfrac{1}{4}$

所以 $u=2\text{cm}$

答:得到 2 倍大的实像时,物体应在离透镜 6cm 处;得到 2 倍大的虚像时,物体应放在离透镜 2cm 处.

[例题 5-6]　一凹透镜的焦距是 1m,现将一物体放在离透镜 2m 处,试求像距和像的放大率.

解:已知 $f=-1\text{m}$, $u=2\text{m}$

由透镜公式: $\dfrac{1}{u}+\dfrac{1}{v}=\dfrac{1}{f}$

$$\dfrac{1}{v}=\dfrac{1}{f}-\dfrac{1}{u}$$

$$\dfrac{1}{v}=\dfrac{1}{-1}-\dfrac{1}{2}=-\dfrac{3}{2}\,(\text{m}^{-1})$$

所以 $v=-\dfrac{2}{3}=-0.67\,(\text{m})$

像的放大率: $K=\left|\dfrac{v}{u}\right|=\dfrac{\dfrac{2}{3}}{2}=0.33$

答:像距是 0.67m,像的放大率为 0.33.

◀ **练习** ▶

A

一、填空题

1. 一束光线沿某一方向射向棱镜,经棱镜的两个折射面折射后,光线总是向_____偏折,透镜可以看做是由_____组合而成的总体.对于凸透镜来说_____,所以凸透镜使光线_____,因此凸透镜又叫做_____透镜;对于凹透镜来说_____,所以凹透镜使光线_____,因此凹透镜又叫做_____透镜.

2. 凸透镜的焦点是_____的,因为_____,所以它的焦距也是_____的,故取_____值,凹透镜的焦点是_____的,因为_____,所以它的焦距也是_____的,故取_____值.(实、虚;正、负)

3. _____叫做焦度,国际单位是_____.焦度越大,透镜的折光本领越_____;焦度越小,透镜的折光本领越_____,因此焦度是表征_____的物理量.

4. 一儿童远视眼配戴焦距 20cm 的凸透镜,该镜片的焦度是_____屈光度,眼镜的度数是_____度.

5. 平行于主光轴的光线经透镜折射后,_____;通过光心的光线,其方向_____;通过前焦点的光线经透镜折射后,_____.

6. 透镜成像公式为_____.应用时,u 总取_____值;对于 v,如果_____像时,取_____值,如果_____像时,取_____值;对于 f,如果_____镜,取_____值,如果_____镜,取_____值.

7. 像放大率 $K=$ _____ = _____ .如果 $K>1$ 时,像是_____的;$K=1$ 时,像是_____的;$K<1$ 时,像是_____的.(缩小、放大、等大)

8. 探照灯的光强且射得远,其原理是_____.

二、选择题

1. 焦距为 50cm 的凸透镜的度数是 ( )

   A. 0.5 度   B. 200 度   C. 0.02 度   D. 20 度   E. 2 度

2. 物体通过凸透镜成像时,如果像的大小和物体的大小等大,则物距为 ( )

   A. $3f$ B. $\dfrac{f}{2}$ C. f D. $2f$ E. $\dfrac{3}{2}f$

3. 物体自凸透镜二倍焦距处远离透镜时,下列正确的是 ( )

   A. 像变大,在另侧自 2 倍焦距处远离焦点

   B. 像变小,在另侧自 2 倍焦距处趋近焦点

   C. 像变小,在另侧自 2 倍焦距处远离焦点

   D. 像变大,在另侧自 2 倍焦距处趋近焦点

4. 关于透镜成像的物像间关系,下列说法错误的是 ( )

   A. 凸透镜可成放大的像,也可成缩小的像

   B. 凹透镜可成放大的像,也可成缩小的像

   C. 凸透镜可成实像,也可成虚像

   D. 凹透镜不可成实像,只能成虚像

   E. 凸透镜可成倒立的像,也可成正立的像

   F. 凹透镜只成倒立的像

5. 对于凸透镜成像规律,有关下列成像结果的是

   ①当物距大于 2 倍焦距时 ( )

   ②当物距大于焦距,小于 2 倍焦距时 ( )

   ③物距小于焦距时 ( )

   A. 成放大实像,像距大于 2 倍焦距

   B. 成放大虚像,像距小于零

   C. 成缩小的虚像,像距小于零

   D. 成缩小的实像,像距大于焦距小于 2 倍焦距

   E. 成缩小的实像,像距小于零

6. 物与像在透镜同侧,下列说法正确的是 ( )

   A. 透镜可能是凸透镜   B. 像一定是放大的

   C. 像可能是缩小的   D. 像一定是虚像

   E. 像一定是倒立的   F. 像一定是正立的

7. 物在离透镜20cm 远处,问下列情况中使用凹透镜的是 ( )

   A. 像在透镜另一侧,离透镜 40cm 处

   B. 像在透镜另一侧,离透镜 30cm 处

   C. 像与物在透镜同一侧,离透镜 40cm 处

   D. 像与物在透镜同一侧,离透镜 10cm 处

   E. 像与物在透镜同一侧,离透镜 30cm 处

8. 通过透镜看到物体的虚像,则 ( )

   A. 这透镜一定是凸透镜   B. 这透镜一定是凹透镜

   C. 若像比物大,透镜一定是凸透镜   D. 若像比物小,透镜一定是凹透镜

   E. 若像比物大,透镜一定是凹透镜

笔记栏

9. 下面叙述错误的是 （　　）

  A. 光在同一种介质中是沿直线传播

  B. 物体经凹透镜成像总是正立的

  C. 经凸透镜折射出来的光线总是会聚的

  D. 凹透镜总不能生成实像

  E. 凸透镜一定生成实像

10. 关于透镜成像的公式，下列说法错误的是 （　　）

  A. 公式适用于凸透镜，也适用于凹透镜

  B. 公式描述了 u、v、f 三者关系，已知其中两个量，可求第三个量

  C. 公式中 u 为正值，v 和 f 可为负值

  D. 对于凹透镜，f 为负值，u 总是正值，v 可正可负

  E. v 为负值时，一定是虚像

11. 蜡烛火焰与光屏相距 80cm，在它们间放一凸透镜，在屏上可见一个与火焰等大的实像，则可判断透镜的 （　　）

  A. $f > 20cm$　　　B. $f < 20cm$　　　C. $f = 20cm$　　　D. $f \leqslant 20cm$　　　E. $f = 40cm$

12. 3cm 高的物体，经凸透镜得 6cm 高的正立像，设凸透镜的焦距为 f，则物与像之间的距离是 （　　）

  A. $2f$　　　　B. $1.5f$　　　　C. $2.5f$　　　　D. f　　　　E. $0.5f$

13. 透镜前一物体，经透镜后成一倒立的像，则 （　　）

  A. 透镜为凹透镜　　　　　　　　　　B. 透镜是凸透镜，且 $u > f$

  C. 像比物大即 $K > 1$　　　　　　　　D. 一定是虚像

  E. 像比物小即 $K < 1$

14. 透镜成像时，下列说法是正确的，除了 （　　）

  A. 虚像总是正立的，实像总是倒立的

  B. 虚像总是放大的，实像总是缩小的

  C. 凸透镜成虚像是放大的，凹透镜成虚像总是缩小的

  D. 物离凹透镜越近，像越大

  E. 凸透镜成虚像时，物距越接近于焦距，像越大

三、计算题

  1. 照相机镜头是 $f = 20cm$ 的凸透镜，照相者在镜前 4.2m 处，问暗箱长度应调到多少米才能得到清晰的像？

  2. 凸透镜的 $f = 20cm$，$u = 25cm$，则物、像间距离为多少厘米？

  3. 凹透镜的焦距为 1m，现将一物体放在离透镜 4m 处，试计算像距和像放大率.

  4. 有一凸透镜焦距是 5cm，如果把物体放在距透镜 4cm 处，问物体成像的位置，像是实像还是虚像？

B

一、画图题

  1. 已知凸透镜的焦距 $f = 5cm$，画出下列条件下的光路图.

  （1）$u = 20cm（u > 2f）$ 时.

  （2）$u = 10cm（u = 2f）$ 时.

  （3）$u = 7cm（f < u < 2f）$ 时.

  （4）$u = 4cm（u < f）$ 时.

  2. 已知凹透镜的焦距是 10cm，画出以下光路图.

  （1）$u = 35cm$ 时.

笔记栏

（2）$u=6cm$ 时.

二、计算题

1. 凸透镜的焦距为 20cm，物体到透镜的距离是 30cm，则像距透镜多远？像的放大率是多少？

2. 幻灯机镜头的焦距是 0.3m，镜头到屏幕间距离是 6.0m，幻灯片应放在离镜头多远的地方？屏幕上像的高度是幻灯片上图像的多少倍？

3. 有一物体正立在凸透镜的主光轴上，透镜的焦距为 4cm，如果要得到一个放大的，正立的像，像高和物高的比等于 2，求物体和透镜之间的距离.

4. 一透镜 $f=5cm$，一物体长 4cm，经透镜成像长 8cm，试求物体距透镜的距离.

5. 一个身高 1.8m 的人站在照相机前照像，人到镜头的距离是 4.2m，照得全身像高 9cm，问这个照相机镜头的焦距是多少？

6. 若 2cm 的烛焰，放在像屏前 80cm 的地方，在两者间插入一个焦距为 15cm 的凸透镜. 当移动透镜时，可在像屏上分别显出两个不同的像来，求两次透镜的位置和像长.

第③节　眼睛　光学仪器

眼睛　光学仪器

（一）眼睛

想一想

我们人体自身的两架小"照相机"是怎样拍摄外面多姿多彩的景象呢？

眼睛的光学结构　人的眼睛是一个复杂的光学系统.它的形状是近似于直径约 2.3cm 的小球，图 5-22 是人眼的剖面图.眼球最前面一层透明的膜叫做**角膜**，光线就是从这里进入眼内的.角膜后面是虹膜，虹膜的中央有一个圆孔，叫**瞳孔**，虹膜的收缩可以改变瞳孔的大小，以控制进入眼睛的光量.虹膜后面是透明而富有弹性的**晶状体**，可借睫状肌的收缩作用改变它的弯曲程度，因而有调节作用.角膜和晶状体之间充满了一种无色液体，叫做**房水**.眼球的内层，叫做**视网膜**，它上面布满了视细胞，是光线成像的地方.视网膜上正对瞳孔的一小块地方，对光的感觉最灵敏，叫做**黄斑**.晶状体和视网膜间充满了另一种无色液体，叫做**玻璃体**.

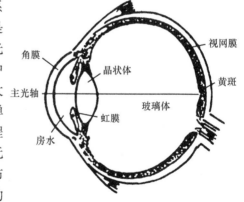

图 5-22　眼球剖面

角膜、房水、晶状体和玻璃体都对光线产生折射，它们的共同作用相当于一个凸透镜，这个凸透镜的焦度是可调的，一般在 58~70 届光度之间变化.眼睛的光学系统可简化成一个可调焦度的凸透镜和代表视网膜的一个屏幕，生理学上常把眼睛简化成一个单球面折射系统叫做**简约眼**.

眼睛的调节作用　人眼之所以能够看清楚物体，是因为物体发射（或反射）出来的光经过角膜、房水、晶状体和玻璃体折射后，在视网膜上形成了清晰的实像，当人看远近不同的物体时，可以靠睫状肌的收缩来改变晶状体的弯曲程度进行调节.若看近物时，眼通过睫状肌的收缩使晶状体的弯曲程度变大，即晶状体变凸，眼睛的焦距变小，使近物成像在视网膜上；若看远物时，睫状肌放松，晶状体则变得平坦些，晶状体的焦距变大，使远物也成像在视网膜上.因此，无论远近的物体都能在视网膜上成清晰的像，**眼睛的这种能够改变晶状体焦距的本领**，叫做眼的调节.

眼睛的调节能力是有限的,眼睛不作任何调节时,晶状体的弯曲程度最小,这时眼睛能够看清的最远距离称为眼的**远点**,正常眼睛可以在晶状体弯曲程度最小时,使平行光线(或无穷远物体发出的光线)会聚,像恰好成在视网膜上,所以,正常眼睛的远点在无穷远处.眼睛经过调节能看清楚的最近距离,称为眼的**近点**,青年人正常眼睛的近点约为10cm,老年人因眼睛的调节本领降低,近点约在30cm以上,一般70多岁的人,眼调节的本领差不多等于零,所以老年人的眼睛往往远视.在观察近距离的物体时,因为需要高度调节,睫状肌要处于收缩的紧张状态,所以眼睛容易疲劳.日常工作中最适宜的、即使时间长也不致引起过分疲劳的距离大约是25cm,这一距离称为**明视距离**,一般用 d 表示,即 $d=25\text{cm}$.

说一说

你的眼睛正常吗?如果异常的话,将怎样矫正呢?

异常眼及其矫正　眼睛在睫状肌完全放松时,能使很远的物体成像在视网膜上,即平行光线射入眼内经折射后恰好会聚于视网膜上,这种眼睛叫做正常眼或屈光正常.否则,称为异常眼或屈光不正常.常见的异常眼有近视眼、远视眼和散光眼.

(1) **近视眼**:近视眼的晶状体的折光本领比正常眼的折光本领强,或者说角膜到视网膜的距离比正常眼长.因此,眼不经调节时,平行射入眼睛的光线会聚于视网膜前[图5-23(a)].为了使物体的像能清晰地呈现在视网膜上,就必须把物体移近,但这是有限的,超过近点,仍然看不清楚.

矫正眼睛近视的方法:给患者配戴一副凹透镜做的眼镜,使平行光线先通过凹透镜发散,然后由眼睛再会聚在视网膜上[图5-23(b)].

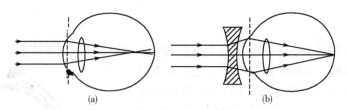

图5-23　近视眼及其矫正

(2) **远视眼**:远视眼的晶状体的折光本领比正常眼的折光本领弱,或者说角膜到视网膜的距离比正常眼短.因此,眼睛不经调节时,平行射入眼睛的光线会聚于视网膜后[图5-24(a)].远视眼的近点比正常眼远,所以看较近物体时需将近物移远一些才能看得清楚.

矫正远视眼的方法:给患者配戴一副凸透镜做的眼镜,使平行光线先通过凸透镜会聚,然后由眼睛再会聚在视网膜上[图5-24(b)].

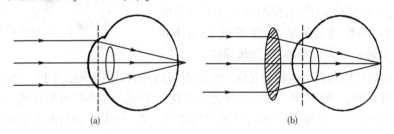

图5-24　远视眼及其矫正

(3) **散光眼**:正常眼的角膜和晶状体各面都应是规则的球面,各个方位的曲率半径都相同.而散光眼的角膜和晶状体的不同方位的曲率半径不同,眼的不同截面上有不同的焦度,使进入眼睛不同方位的光线,不能同时聚焦在视网膜上,造成物像模糊不清[图5-25(a)].

矫正散光眼的方法:确定眼的曲率在哪一个方位过小或过大,配戴柱形透镜的眼镜,以增大折射面曲率较小方位的焦度,或减小折射面曲率较大方位的焦度.一般患散光的眼睛,常伴有近视或远视,所以有近视散光和远视散光的区别,其矫正则需配带球面兼有柱形的眼镜[图5-25(b)].

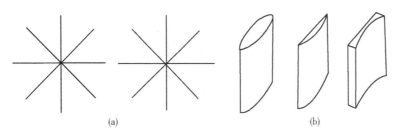

(a)　　　　　　　　　　(b)

图 5-25　散光眼及其矫正

(二) 光学仪器

说一说

你的视力好不好? 你知道什么叫视角、视力吗?

视角与视力　要看清楚物体,应具备三个条件:一是物体的像要成在视网膜上;二是像应有一定的亮度;三是视角不能过小,一般来说不能小于 1 分.1.5mm 长的线段,置于眼前 5m 处的视角是 1 分.

视角是物体两端对于人眼光心所引出的两条直线的夹角.在图 5-26 中,AO 和 BO 两条直线间的夹角 α 就是视角.

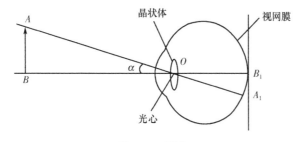

图 5-26　视角

观察物体时,视角越大,物体看得越清晰,越易辨别物体的细微部分.如果视角小于 1 分,眼睛就分辨不清物体上的两点而误认为是一点了.眼睛能分辨的最小视角叫做**眼睛的分辨本领**.能分辨的最小视角越小,眼的视力越好.**视力**是表征眼的分辨本领的物理量.

辨一辨

视力的纪录有几种方法?

1990 年 5 月以前检查视力用的是**国际标准视力表**,采用**小数记录法**,即

$$视力 = \frac{1}{能分辨的最小视角 \ \alpha} \tag{5-9}$$

其中,α 角的单位是"分".

1990 年 5 月 1 日起,我国实行**国家标准对数视力**,采用**5 分记录法**,用 L 表示,即

$$L = 5 - \lg\alpha \tag{5-10}$$

其中最小视角 α 的单位是"分",其视力表见图 5-27.

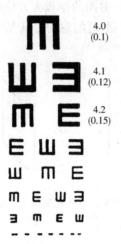

图 5-27　国家标准对数视力表

两种视力记录法的视力数值对照见表 5-4.

表 5-4　两种视力记录法的视力数值对照

能分辨的最小视角(分)	国家标准对数视力	国际标准视力
10	4. 0	0. 1
7. 943	4. 1	0. 12
6. 310	4. 2	0. 15
5. 012	4. 3	0. 2
3. 981	4. 4	0. 25
3. 162	4. 5	0. 3
2. 512	4. 6	0. 4
1. 995	4. 7	0. 5
1. 585	4. 8	0. 6
1. 259	4. 9	0. 8
1. 0	5. 0	1. 0
0. 794	5. 1	1. 2
0. 631	5. 2	1. 5
0. 501	5. 3	2. 0

想一想

当我们用眼睛去观察细小物体时,必须增大视角才能把物体看清楚,最简单的方法是将物体移近,但是不能使物体过分移近眼睛,因为眼睛的调节是有限的,超过近点仍然看不清楚.除此之外,是否还有其他增大视角的方法呢?

这时必须借助光学仪器来观察物体,光线通过仪器后对眼张的视角 β,跟物体直接放在眼的明视距离处对眼张的视角 α 的比值叫做光学仪器的放大率,由于光学仪器放大的是视角,所以又叫做**角放大率**,用 M 表示,则

$$M = \frac{\beta}{\alpha} \quad 或 \quad M = \frac{\tan\beta}{\tan\alpha}$$

笔记栏

放大镜　为了增大视角,可以在眼睛前放一块凸透镜,这样使用的凸透镜,叫做放大镜.

想一想

放大镜是怎样增大视角的呢?

当我们直接用眼睛去观察一个物体时,如果把这个物体放在眼前明视距离处,物体对眼所张的视角为 α,若把物体放在放大镜的焦点以内,靠近焦点处,使物体对眼所张的视角 β 就比 α 大得多,我们就能够看到一个清晰的,被放大了的像(图 5-28),这就是放大镜增大视角的原理.

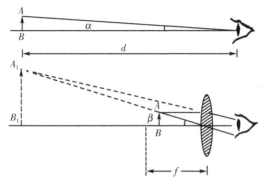

图 5-28　放大镜原理

经理论推理,放大镜的角放大率为 $M_{放} = \dfrac{d}{f}$

$$= \frac{25}{f} \tag{5-11}$$

式中,d 为明视距离.通常用的放大镜,焦距约从 $10 \sim 1\,\mathrm{cm}$,相当于 $2.5 \sim 25$ 倍的放大率.

◀ **示范** ▶

[**例题 5-7**]　有一个凸透镜,焦距是 $1.25\,\mathrm{cm}$,现在把一个物体放在距它 $5\,\mathrm{cm}$ 处,求像的性质和像的放大率.如果把这个凸透镜作为放大镜使用,问它的放大率是多少?

解:(1) 已知 $f = 1.25\,\mathrm{cm}$,$u = 5\,\mathrm{cm}$,求 v 和 K

由公式 $\dfrac{1}{u} + \dfrac{1}{v} = \dfrac{1}{f}$

得 $\dfrac{1}{v} = \dfrac{1}{f} - \dfrac{1}{u} = \dfrac{1}{1.25} - \dfrac{1}{5} = \dfrac{3}{5}\,(\mathrm{cm}^{-1})$

所以　$v = \dfrac{5}{3} = 1.67\,(\mathrm{cm})$

像的放大率:$K = \left| \dfrac{v}{u} \right| = \dfrac{\dfrac{5}{3}}{5} = 0.33$

(2) 放大镜的放大率 $M_{放}$

由公式 $M_{放} = \dfrac{d}{f} = \dfrac{25}{1.25} = 20$ 倍

答:像的性质是倒立、缩小的实像,和物体分居在透镜的异侧,像的放大率是 0.33.放大镜的放大率是 20 倍.

◀ **评注** ▶

从上例可见,同样一个透镜,作为放大镜用时的放大率和透镜成像时像的放大率是完全不同的,不能混淆.

说一说

你会使用显微镜吗? 它的光学原理你知道吗?

显微镜　显微镜是用来观察非常微细的物体及其精细结构的光学仪器.它的放大率比放大镜大得多,是医务工作者常用的一种精密光学仪器.

最简单的显微镜,是由一个物镜 O_1 和一个目镜 O_2 组成[图 5-29(a)],并且两者主轴重合.把物体 AB 放在物镜前焦点 $F_物$ 之外,靠近焦点 $F_物$ 处,就可以在目镜焦点 $F_目$ 内得到一个放大的倒立实像 A_1B_1.对于实像 A_1B_1 来说,目镜是一个放大镜.从目镜 O_2 可以看到在明视距离处有一个放大的虚像 A_2B_2,A_2B_2 就是通过显微镜两次放大后的像,见图 5-29(b)所示显微镜的光路图.

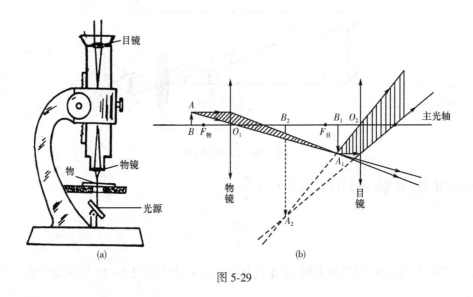

图 5-29

设物镜和目镜的距离是 L,即镜筒长为 L,经理论推理,显微镜的放大率为

$$M_显 = \frac{25L}{f_物 f_目}$$

(5-12)

由式(5-12)可知,显微镜的镜筒愈长,物镜和目镜的焦距 $f_物$、$f_目$ 愈小,显微镜的放大率愈大.实际上显微镜的目镜焦距很短,物镜的焦距更短.一般光学显微镜的放大率有 1000 倍也就足够了.如果用紫外线来代替可见光,放大率可以提高到 2000 倍,利用波长更短的电子射线来代替可见光,放大率则将大大提高.

示范

[例题 5-8]　已知显微镜的筒长约为 16cm,目镜焦距是 2.0cm,显微镜的放大率是 200 倍,问显微镜物镜的焦距是多少?

解:由式(5-12)$M_显 = \frac{25L}{f_物 f_目}$

得 $f_物 = \frac{25L}{M_显 f_目} = \frac{25 \times 16}{200 \times 2.0} = 1.0(cm)$

答:物镜的焦距是 1.0cm.

检眼镜　检眼镜是临床上用来检查眼底部位病变的一种光学仪器.外形如图 5-30(a)所示.它主要由电光源和镜头组成,光路如图 5-30(b)所示.

镜头的转盘上装有焦度不同的凸、凹小透镜,从镜头下方的小孔,可以读出焦度的数值.转动转盘可以选用不同焦度的透镜,用以矫正受检查眼的屈光不正.

第 5 章　几何光学　**103**

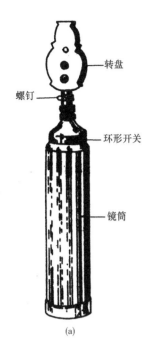

转盘

螺钉

环形开关

镜筒

(a)

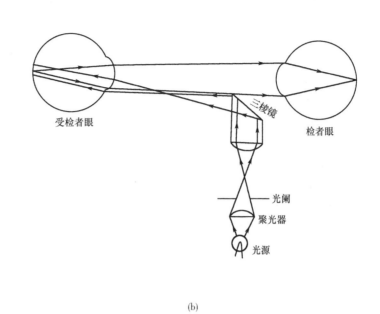

受检者眼

三棱镜

检者眼

光阑

聚光器

光源

(b)

图 5-30

◀ **练习** ▶

A

一、填空题

1. 物体发出的光线经眼睛的＿＿＿＿＿、＿＿＿＿＿、＿＿＿＿＿、＿＿＿＿＿
共同折射作用,将像成在视网膜上,它们的折射率分别为 ＿＿＿＿＿、＿＿＿＿＿、
＿＿＿＿＿、＿＿＿＿＿.

2. 眼睛是一种精巧的＿＿＿＿＿系统,看近物时,眼通过＿＿＿＿＿,使晶状体
变＿＿＿＿＿,眼睛的焦距变＿＿＿＿＿;看远物时,晶状体变＿＿＿＿＿,眼睛的焦距
变＿＿＿＿＿,所以无论远近的物体都能在视网膜上成清晰的像.

3. 眼睛的调节指＿＿＿＿＿.正常人眼的焦
度范围是＿＿＿＿＿,或眼焦距范围为＿＿＿＿＿.

4. 正常人的远点在＿＿＿＿＿,青年人的近点约＿＿＿＿＿.老年人的眼睛的调节能
力＿＿＿＿＿,所以近点约在＿＿＿＿＿.

5. 眼睛的明视距离指＿＿＿＿＿.表示为 $d=$＿＿＿＿＿ cm.

6. 近视眼的特点是＿＿＿＿＿,需配戴＿＿＿＿＿透
镜的眼镜;远视眼的特点是＿＿＿＿＿,需配戴＿＿＿＿＿
透镜的眼镜;散光眼的特点是＿＿＿＿＿,若散光伴随远视,则配
戴＿＿＿＿＿透镜的眼镜.

7. ＿＿＿＿＿叫做视角.

8. 简约眼指＿＿＿＿＿.

9. 眼的分辨本领指＿＿＿＿＿.一个人能分辨的最
小视角为 1 分时,相当于将＿＿＿＿＿长的线段,置于眼前＿＿＿＿＿m 处,物体两端对眼光心
所张的角,他的视力为＿＿＿＿＿或＿＿＿＿＿.

10. 放大镜是＿＿＿＿＿透镜,它是凸透镜成像规律中 u＿＿＿＿＿f 时的成像性质的应用.

11. 显微镜是由一组＿＿＿＿＿镜和一组＿＿＿＿＿镜组成,它的放大率 $M_{显}=$＿＿＿＿＿.

笔记栏

12. 使用放大镜时,物体应放在放大镜_____

处;使用显微镜时,物体应放在物镜 _____处.

二、选择题

1. 关于近视眼,下列叙述中正确的是　　　　　　　　　　　　　　　　(　)

    A. 像成在视网膜后

    B. 眼球前后直径太短

    C. 晶状体焦距太短

    D. 晶状体焦距太长

2. 人眼直接观察物体,物应放在眼的　　　　　　　　　　　　　　　　(　)

    A. 焦点以内

    B. 焦点与 2 倍焦点之间

    C. 2 倍焦距以外

    D. 25cm 处

3. 视力值越大,则　　　　　　　　　　　　　　　　　　　　　　　(　)

    A. 视角越大

    B. 眼睛能分辨的最小视角越大

    C. 眼睛能分辨的最小视角越小

    D. 眼睛能分辨的两点间的距离越大

    E. 以上都不对

4. 以下光学器械用凹透镜制成的或相当于一个凹透镜的是　　　　　　(　)

    A. 放大镜　　　　　　　　　　　B. 近视眼镜

    C. 远视眼镜　　　　　　　　　　D. 放映机镜头

    E. 幻灯机镜头　　　　　　　　　F. 显微镜的目镜

    G. 散光伴近视

5. 显微镜的成像是　　　　　　　　　　　　　　　　　　　　　　　(　)

    A. 物镜和目镜都把物体放大成实像

    B. 物镜和目镜都把物体放大成虚像

    C. 物镜放大成实像,目镜放大成虚像

    D. 物镜放大成虚像,目镜放大成实像

    E. 主要靠物镜放大,目镜并不放大

6. 放大镜的放大率是(　　　),显微镜的放大率是(　　　)

    A. d/f　　　　　　　　　　　　　B. α/β

    C. v/u　　　　　　　　　　　　　D. $\sin\alpha/\sin r$　　　　E. $25L/f_物 f_目$

7. 某人近视眼,她能分辨的最小视角为 10 分,其视力是　　　　　　　(　)

    A. 1.0　　　　　　B. 2.0　　　　　　C. 3.0

    D. 4.0　　　　　　E. 5.0　　　　　　F. 0.1

8. 显微镜的放大率要变大时,则将镜筒长度 L、物镜焦距 $f_物$ 和目镜焦距 $f_目$ 改变为 (　　　)

    A. L, $f_物$, $f_目$ 都变大　　　　　　　B. L 变小, $f_物$, $f_目$ 变大

    C. L, $f_物$, $f_目$ 都变小　　　　　　　D. L 变大, $f_物$, $f_目$ 变小

三、计算题

1. 显微镜的物镜的焦距为 1cm,目镜的焦距为 1.5cm,目镜和物镜相距 21.25cm,求显微镜的放大率.

2. 一放大镜的放大率是 20 倍,问放大镜的焦距是多少?

3. 已知一显微镜的物镜、目镜焦距分别是 0.5cm 和 2cm,其放大率是 400 倍,问显微镜的镜

筒长为多少？

B

一、问答题

1. 简述眼睛的光学结构.

2. 简述显微镜的构造,并画出其成像的光路图.

3. 要使显微镜所成的像是实像,问应如何改变目镜的位置？

二、计算题

1. 一显微镜物镜的焦距是 1.0cm,镜筒长为 20cm,其放大率是 200 倍,问显微镜目镜的焦距是多少？

2. 一个放大镜的焦距是 2.5cm,求它的放大率.如果把一支蜡烛放在距这个透镜 10cm 处,它所成像的性质如何？ 像的放大率是多少？

3. 一显微镜的物镜和目镜的焦距分别是 1.5cm 和 2.5cm,二镜相距 20cm,求显微镜的放大率.

（杨素英）

学 生 实 验

实验预备知识

一、为什么要做学生实验

物理学是一门以实验为基础的科学,在学习物理课程中,做好学生实验是学好这门课程的一个重要方面,我们应该对学生实验的重要性有足够的认识.

物理概念、物理规律不是凭空产生的,它们的表现确立都有坚实的实验基础.做好学生实验,可以使我们对物理现象获得具体、明确的认识,了解概念和规律是怎样在实验的基础上得出的,从而加深对概念和规律的理解.

物理实验中包含有丰富的物理思想,它解决问题的途径和方法对我们有很大的启示,做好学生实验,能帮助我们提高运用所学知识分析、解决物理问题的能力.

实验方法是我们研究和解决问题的一种基本方法,它越来越多地应用于各个方面,对于探索自然具有普遍意义.通过做学生实验可以使我们体会如何探究问题.学习物理实验的一些基本知识、基本方法和基本技能,要学习一些基本测量仪器的原理和使用,学习一些物理量的测量方法.这对于提高我们的观察能力和实验能力是十分重要的.

认真做好学生实验,可以培养严肃、认真、实事求是的科学态度,养成良好的工作作风.

二、怎样做好学生实验

(一) 实验前做好准备

实验前要做好预习.应该认真、仔细地阅读实验内容,做到:①明确实验目的,弄懂实验原理.②明确所用仪器装置,弄清楚操作步骤及注意事项.③设计好记录数据的表格.

实验前的准备是保证实验得以正确进行和取得较大收获的重要前提.只有实验前做好准备,才能自觉地、有目的地做好实验.反之,实验前不做好必要的准备,实验时只是盲目操作,这种实验即使做了,也不会有多大收益.

(二) 手脑并用,正确地操作、观测和记录

在实验过程中,不能只动手不动脑,机械地按规定的实验步骤操作,甚至看一步做一步,而应该手脑并用,心到、眼到、手到.

首先了解仪器装置的性能、规格、使用方法.要仔细安装和调整实验装置,使之符合实验条件.

按实验步骤逐步操作时,应该在实验原理的指导下,头脑中对实验有一个整体的物理情景.操作中要正确地使用仪器.在进行每一步操作前,先想想可能出现的结果.如果跟自己预期的不符合,要想想是为什么,是否合理.实验过程中出现了故障,自己先想想可能的原因,再请老师帮助解决,并注意学习老师如何检查和排除故障.

要仔细观察和记录原始数据,并注意标明单位.原始数据要边测量、边记录在事先设计好的表格中,要记得准确、清楚、有次序,不要随便乱记.

笔记栏

(三) 正确分析和处理数据,写好实验报告

实验后要对得到的数据进行仔细分析、计算和处理,得出合理的结论.处理数据要尊重客观事实,不能乱凑数据.

要学会自己独立地写出简明的实验报告,不要只按照现成的格式填写.物理实验报告的写法,除了像初中学过的一样,包括实验目的、器材、步骤等之外,还可根据不同的情况写出简要的原理和误差分析等.实验报告不要格式化,要根据实际情况有所侧重.

三、误差和有效数字

做物理实验,不仅要观察物理现象,还要找到现象中的数量关系,这就需要知道有关物理量的数值.

要知道物理量的数值,必须进行测量.测量的结果不可能是绝对精确的.例如,用刻度尺来量长度,用天平来称质量,用温度计来测温度,用电流表或电压表来测电流或电压,测量出来的数值跟被测物理量的真实值都不可能完全一致,测出的数值与真实值的差异叫做**误差**.从来源看,误差可以分成系统误差和偶然误差两种.

系统误差是由于仪器本身不精确,或实验方法粗略,或实验原理不完善而产生的.例如,天平的两臂不严格相等或砝码不准,做热学实验时没有考虑散热损失等,都会产生系统误差.系统误差的特点是,在多次重做同一实验时,测量结果总是比真实值同样地偏大或偏小,不会出现这几次偏大另几次偏小的情况.要减小系统误差,必须校准测量仪器,改进实验方法,设计在原理上更为完善的实验.

偶然误差是由各种偶然因素对实验者、测量仪器、被测物理量的影响而产生的.例如,用有毫米刻度的尺测量物体的长度,毫米以下的数值只能用眼睛来估计,各次测量的结果就不一致,有时偏大,有时偏小,并且偏大和偏小的概率相同.因引,可以多进行几次测量,求出几次测得的数值的平均值,这个平均值比一次测得的数值更接近于真实值.

测量既然总有误差,测得的数值就只能是近似数.例如,用毫米刻度的尺量出书本的长度是 184.2mm,最末一位数字 2 是估计出来的,是不可靠数字,但是仍然有意义,仍要写出来,这种带有一位不可靠数字的近似数字,叫做**有效数字**.

在有效数字中,数 2.7、2.70、2.700 的含义是不同的,它们分别代表二位、三位、四位有效数字.数 2.7 表示末位数 7 是不可靠的,而数 2.70 和 2.700 则表示最末一位数字 0 是不可靠的.因此,小数最后的零是有意义的,不能随便去或添加.但是,小数的第一个非零数字前面的零是用来表示小数点位置的,不是有效数字,例如,0.92、0.085、0.0063 都是两位有效数字.大的数目,例如 36 500km,如果这五个数字产全是有效数字,就不要这样写,可以写成有一位整数的小数和 10 的乘方的积的形式,如果是三位有效数字,就写成 $3.65×10^4$km.

在学生实验中,测量时要按照有效数字的规则来读数.处理实验数据进行加减乘除运算时,本来也应该按照有效数字的规则来运算,但由于这些规则比较复杂,本阶段不作要求,运算结果一般取得两位或三位有效数字就可以了.

实验 ① 长度的测量

[目的]

1. 了解游标卡尺的构造及原理,学会对此仪器的正确使用.
2. 测量玻璃瓶口的外径、内径及瓶的深度;测量金属块的体积.

[仪器]

游标卡尺、玻璃瓶、长方体金属块.

[原理]

　　游标卡尺是一种测量长度的精密量具,它的构造如实验图 1-1 所示.1 是有毫米刻度的主尺;2 是套在主尺上可滑动的游标尺;3 是下测脚,用来测量物体的外部长度;4 是上测脚,用来测量物体的内部长度;5 是测量槽或孔的深度的测深尺;6 是推钮,用来推动游标沿主尺滑动;7 是固定主尺、游标尺的锁紧螺钉.

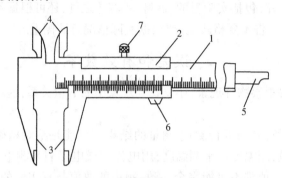

实验图 1-1

1. 主尺;2. 游标尺;3. 下测脚;4. 上测脚;
5. 测深尺;6. 推钮;7. 锁紧螺钉

　　常用的游标有 10 分度(精度为 0.1mm)、20 分度(精度为 0.05mm)和 50 分度(精度为 0.02mm)几种.今以 50 分度的游标卡尺为例说明其原理,如实验图 1-2(a)所示,主尺的最小刻度为 1mm,游标上有 50 个小等分刻度,它的总长为 49mm,每一分度长是 0.98mm.因此,主尺最小刻度与游标最小刻度之差为 0.02mm,这一差值就是该游标卡尺的精度.

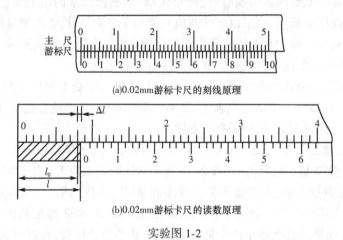

(a)0.02mm游标卡尺的刻线原理

(b)0.02mm游标卡尺的读数原理

实验图 1-2

　　如实验图 1-2(b)所示,两个测脚间张开的距离就是被测物的长度,它等于游标尺上的零刻线与主尺上零刻线间的距离.在读数时,先读游标尺"0"刻线左边主尺上的**整毫米数**,图中 $l_0 = 8$mm,然后在游标上读出毫米以下的**尾数**,图中是第 30 条游标刻度线与主尺上某一刻度线重合.因为主尺上从 8 到 38 刻度线间的距离与游标上从 0 到 30 刻度线间的距离之差恰是尾数 $\triangle l$,所以

$$\Delta l = 0.02\text{mm} \times 30 = 0.60\text{mm}$$

这样,被测物体的长度 $l = l_0 + \Delta l = 8\text{mm} + 0.60\text{mm} = 8.60\text{mm}.$
由此可见,被测物体长度的表示式为

$$l = l_0 + K \times 精度$$

式中,l_0 代表游标尺"0"刻线左侧主尺上的整的毫米数;K 代表与主尺上某刻度线对齐(重合)的游标尺上刻度线的序号.

其他分度的游标卡尺的读数方法与 50 分度的方法相同.

[步骤]

1. 仔细观察游标卡尺的构造,熟悉它的使用,明确读数方法.

2. 将游标卡尺的两个测脚并拢,记下零误差(注意正负).

3. 用卡尺的下测脚测玻璃瓶口的外径、上测脚测瓶口的内径、测深尺测瓶的深度各三次,每次方位约互为 120°,将测量数据填入实验表 1-1 中.

4. 用卡尺测金属块的长、宽、厚各三次,每次位置要变化,将测量数据填入实验表 1-2 中,计算体积.

[记录]

实验表 1-1 玻璃瓶口的外径、内径和瓶的深度

	外径(mm)	内径(mm)	深度(mm)
1			
2			
3			
平均			

实验表 1-2 测量金属块的长、宽、厚,计算其体积

	长(mm)	宽(mm)	厚(mm)	体积(mm³)
1				
2				
3				
平均				

[思考题]

1. 游标卡尺的精度是怎样确定的.

2. 用游标卡尺测玻璃瓶的外径、内径、深度时,各有几位有效数字?

实验 ② 验证力的平行四边形定则

[目的]

1. 掌握测量共点力的合力的方法.

2. 验证力的平行四边形定则.

3. 练习矢量的作图法.

[仪器]

方木板、测力计(两只)、橡皮条、三角板、夹子(两个)、白纸.

[原理]

互成角度的两个共点力的合力,可以用表示这两个力的有向线段为邻边作平行四边形,其对角线的长度和方向就表示合力的大小和方向.如实验图 2-1 所示,F_1、F_2 是作用于 O 点的共点力,对角线就是它们的合力 F.

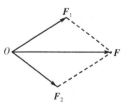

实验图 2-1

[步骤]

1. 将木板平放在桌上,用夹子把白纸固定在木板上,橡皮条的一端挂在木板的钉子上(图中 A 点).

2. 如实验图 2-2 所示,用两只测力计分别钩住细绳套,以某一夹角拉橡皮条,使橡皮条伸长(用力适当,不能超过测计力的限度)到某一位置O,这时手不能动,用铅笔描下O点的位置和两条细线的方向,并记录两个测力计的读数F_1和F_2.

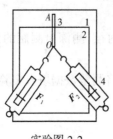
实验图2-2

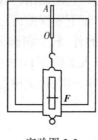
实验图2-3

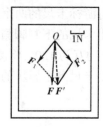
实验图2-4

1. 木板;2. 白纸;
3. 橡皮条;4. 弹簧测力计

3. 如实验图2-3所示,只用一只测力计通过细绳套拉橡皮条,使之仍伸长到同样的位置O,记下细线的方向和测力计的读数F.

4. 如实验图2-4所示,选定标度,分别将F_1、F_2、F用有向线段表示出来.然后用表示F_1、F_2的有向线段为邻边作平行四边形,再从O点引出对角线,标注为F'.按同一标度,把对角线的长度换算成力.

5. 比较直接测量出的合力F和用平行四边形定则求出的合力F',记录它们的数值误差和方向(角)误差.

6. 改变分力F_1、F_2的大小和方向,重做几次.

[记录]

	分力(N)		合力(N)		F和F'的误差	
	F_1	F_2	F	F'	大小误差	方向误差(θ)
1						
2						
3						

[思考题]

1. 上述实验得出什么结论?
2. 分析产生实验误差的原因?

实验③ 测定液体的表面张力系数

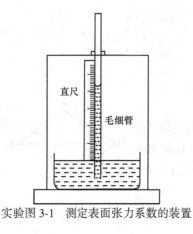
实验图3-1　测定表面张力系数的装置

[目的]

毛细管法测水的表面张力系数.

[仪器]

广口玻璃容器、玻璃毛细管、针、直尺、净水、温度计、游标卡尺.

[原理]

在毛细现象中,液体沿毛细管内上升(或下降)的高度关系式:

$$h = \frac{2\alpha}{\rho g R}$$

$$\alpha = \frac{\rho g R h}{2} = \frac{\rho g h \dfrac{d}{2}}{2} = \frac{\rho g h d}{4}$$

笔记栏

[步骤]

1. 把针插入毛细管口里,在针被管口卡住的地方做下记录.然后拔出针来,用游标卡尺测出针在有记号地方的直径 d,即毛细管的内径是 d.

2. 把用净水冲洗过的毛细管插入水里(注意管内不要残留液体或气泡).用直尺测出水在毛细管里上升的高度 h(实验图 3-1).

3. 按照公式 $\alpha = \dfrac{\rho g h d}{4}$ 算出水的表面张力系数.

4. 换用另两支毛细管把上面的实验重做两次,求出三次测得的水的表面张力系数的平均值.

5. 测量水温,查出该温度下水的表面张力系数的公认值,计算误差.

[记录及计算]

液柱高 h(m)	毛细管内径 d(m)	水的表面张力系数 α				温度(℃)
		测量值	平均值	公认值	误差	

[思考题]

1. 如用内径不同的两支毛细管同时测量水的表面张力系数,问哪一支测得更为准确些?

2. 如在已测在水中滴入数滴肥皂液后重做实验,问毛细管里液体高度将怎样变化?

实验④ 空气湿度的测定

[目的]

学会正确安装干湿泡湿度计,并测量空气的相对湿度.

[仪器]

干湿泡湿度计、水、胶头滴管.

[原理]

干湿泡湿度计是由两支相同的温度计组成,其中一支的小泡包着一层纱布,纱布下端浸在水的容器中,另一支裸露在空气中(图 2-15).由于水份不断从湿泡温度计蒸发需吸收热量,它的温度比干泡温度(等于室温)低,所以,干、湿温度计总是存在着温差,这种温差的大小与空气的干湿程度有关,即与空气的相对湿度有关:相对湿度越大,湿泡上水份蒸发得越慢,吸热越少,则干、湿泡温度计所示温差越小;相对湿度越小,湿泡上水分蒸发得越快,吸热越多,则干、湿泡温度计所示温差越大.因此,只要读出干、湿泡两支温度计的温度,查相对湿度表,就可得到相对湿度.

[步骤]

1. 观察干、湿泡温度计读数是否相同,如不相同,应记下读数误差.

2. 将湿泡容器中盛满水,待纱布浸湿后,注意观察湿泡温度计的示数变化.

3. 数分钟后,湿泡温度计的示数不再变化时,即可分别读出干泡温度和湿泡温度,求出温度差,从表中查出该温度时空气的相对湿度.

[记录]

		干泡温度 （℃）	湿泡温度 （℃）	干、湿泡温度差 （℃）	空气的相对湿度 （%）
同一教室	空气不流通				
	空气流通				

[思考题]

空气流通处与空气不流通处相比较,哪一湿度小? 为什么?

实验 ⟨5⟩ 测定电源电动势和内阻

[目的]

1. 测定干电池的电动势和内阻,巩固闭合电路欧姆定律.
2. 学会使用电流表、电压表、电阻箱.
3. 熟悉连接电路的基本方法.

[仪器]

干电池(两节)、电流表、电压表、电阻箱、导线、电键.

[原理]

1. 闭合电路欧姆定律——闭合电路中的电流强度 I 跟电源的电动势 $\mathscr{E}$ 成正比,跟整个电路的总电阻成反比.写成分式: $I = \dfrac{\mathscr{E}}{R+r}$ 或 $\mathscr{E} = IR + Ir$ 或 $\mathscr{E} = U + Ir$.

如果是按实验图 5-1 的连接方法,可改变电阻箱的电阻值,读得电阻值分别为 R_1、R_2 时,相应的电流强度为 I_1、I_2,根据闭合电路欧姆定律可列出两个方程式,解方程组即可算出电源的电动势和电阻.

$$\begin{cases} \mathscr{E} = I_1 R_1 + I_1 r \text{①} \\ \mathscr{E} = I_2 R_2 + I_2 r \text{②} \end{cases} \Rightarrow r = \frac{I_2 R_2 - I_1 R_1}{I_1 - I_2}$$

2. 电路连接的基本方法——先按照电路图排列好元件,再照图连接电路.连接电路时,如果存在着几个闭合回路,应先连接含有电源的主要回路,再连接其他的从属回路;对于一个回路,应从电源正极到负极的顺序依次连接,或相反的顺序依次连接;接线柱的接线,应连接牢固,避免电路接触不良现象;线路的连接,绝不允许有架空裸露线,以免造成电路的局部短路现象.在直流电路中,对电表的连接,应**注意**:①电流表应串联,电压表应并联.②电表的正接线柱接高电势(电流流入端)、负接线柱接低电势(电流流出端).③连接电表前用触式法选择电表的量程.

[步骤]

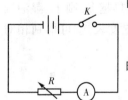

实验图 5-1

1. 按照实验图 5-1 连接电路(注意:将电阻箱的阻值调到最大).
2. 适当选择电阻箱的电阻值 R_1,闭合电键 K,从电流表读取通过 R_1 的电流强度 I_1.
3. 改变电阻箱的电阻,以上步同样的方法再测两组数据 R_2、I_2 和 R_3、I_3.
4. 根据三组测量数据,依次两两联立列方程,解方程组可算出电源的电动势和内阻.

[记录及计算]

	外电阻 $R(\Omega)$	电流 $I(A)$	电动势 $\mathscr{E}(V)$	内电阻 $r(\Omega)$	$\bar{\varepsilon}(V)$	$\bar{r}(\Omega)$
1						
2						
3						

[思考题]

1. 怎样用电阻箱和电压表来测定电源的电动势和内电阻？电路图如何设计？应读取哪些数据？怎样列方程？

2. 怎样用一个电压表、一个电流表、一个电阻箱来测定电源的电动势和内电阻？画出电路图，并写出实验步骤.

实验⟨6⟩　测定玻璃的折射率

[目的]

1. 用插针法测玻璃的折射率.

2. 加深对光的折射定律的理解.

[仪器]

平行平面玻璃砖、白纸、大头针、图钉、直尺(或三角板)、泡沫平板.

[原理]

当光线斜射入两面平行的玻璃砖时，从玻璃砖射出的光线传播方向不变，只是出射光线与入射光线相比，有一定的侧移(图6-1).找出跟入射光线对应的出射光线，求出在玻璃中对应的折射光线及其折射角.

根据光的折射定律 $n = \dfrac{\sin\alpha}{\sin r}$，又 $\sin\alpha = \dfrac{EF}{OE}$，$\sin r = \dfrac{GK}{OG}$，当截取 $OE = OG$ 时，玻璃的折射率

$$n = \frac{\sin\alpha}{\sin r} = \frac{\dfrac{EF}{OE}}{\dfrac{GK}{OG}} = \frac{EF}{GK}$$

量出 EF、GK 的长度，就可计算出玻璃的折射率.

[步骤]

1. 用图钉把白纸钉在平板上，把玻璃砖放在白纸上，然后沿玻璃砖两长边，画出玻璃砖与空气的两平行界面 AB、CD.

2. 在玻璃砖 AB 一侧沿某入射方向竖直的插两枚大头针 P、S，在砖 CD 一侧立一枚大头针 P'，透过玻璃砖观察，移动视线直至 P、S 的像和 P' 在一条直线上，然后将 P' 固定.再用同样方法固定另一枚大头针 S'，使 P、S 的像和 P'、S' 四者在同一条直线上(实验图6-1).

3. 移去玻璃砖、拔掉大头针.根据针孔过 P、S 作直线交 AB 于 O，PO 即为入射线；过 P'、S' 作直线交 CD 于 O'，$O'S'$ 是 PO 通过玻璃砖后的出射光线；连接 OO'，它是光在玻璃砖内的折射线.

4. 过 O 作界面 AB 的法线 ON，在 PO 和 OO' 上分别截取 $OE = OG$，并作 EF 和 GK 垂直于 ON.

5. 量出 EF、GK 的长度，记入表中，计算出玻璃的折射率.

6. 改变入射角，以同样的方法再重复实验两次.最后算出

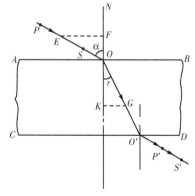

实验图 6-1

三次测得的折射率的平均值.

[记录及计算]

	EF 长度(mm)	GK 长度(mm)	玻璃折射率 n	平均值 n̄
1				
2				
3				

[思考题]

1. 除步骤 4 的方法外,还可以怎样求 sinα、sinr 和 n 的值?

2. 从玻璃砖再进入空气的光线 O′S′的方向跟入射线 PO 的方向有什么关系?为什么?

（杭　丽）

附　录

附录1　常用物理量的国际制(IS)单位

单位类别	物理量名称	单位名称	符　号	
			中　文	国　际
基本单位	长度	米	米	m
	质量	千克	千克	kg
	时间	秒	秒	s
	热力学温度	开〔尔文〕	开	K
	物质的量	摩〔尔〕	摩	mol
	电流	安〔培〕	安	A
导出单位	面积	平方米	米²	m^2
	体积(容积)	立方米	米³	m^3
	速度	米每秒	米/秒	m/s
	加速度	米每二次方秒	米/秒²	m/s^2
	密度	千克每立方米	千克/米³	kg/m^3
	频率	赫〔兹〕	赫	Hz
	力	牛〔顿〕	牛	N
	压强	帕〔斯卡〕	帕	Pa
	能、功、热量	焦〔耳〕	焦	J
	功率	瓦〔特〕	瓦	W
	能流密度(声强、光强)	瓦〔特〕每平方米	瓦/米²	W/m^2
	黏度	帕〔斯卡〕·秒	帕·秒	$Pa \cdot s$
	流量	立方米每秒	米³/秒	m^3/s
	表面张力系数	牛顿每米	牛/米	N/m
	电量	库〔仑〕	库	C
	电势、电压、电动势	欧〔姆〕	伏	V
	电容	伏特每米	法	F
	电阻	帕秒每米	欧	Ω
	电场强度	伏特每米	伏/米	V/m
	声阻抗	帕秒每米	帕·秒/米	$Pa \cdot s/m$
	焦度	屈光度	1/米	$1/m$
	线性吸收系数	每米	1/米	$1/m$
	质量吸收系数	平方米每千克	米²/千克	m^2/kg
	质量厚度	千克每平方米	千克/米²	kg/m^2
	照射量	库〔仑〕每千克	库/千克	C/kg
	吸收剂量	戈〔瑞〕	戈	Gy
	换算因数	焦耳每库仑	焦/库	J/C
	衰变常量	每秒	1秒	$1/s$
	放射性活度	贝可	贝可	Bq

附录2 常见物理常量

物理学量	符 号	量 值
真空中光速	c	$2.997\,924\,58\times10^8\ m/s$
标准重力加速度	g	$9.806\,65\ m/s^2$
标准大气压	P_0	$1.013\,25\times10^5\ Pa$
普适气体常量	R	$8.314\ J(mol\cdot K)$
阿伏伽德罗常量	N_0	$6.022\,045\times10^{23}/mol$
玻尔兹曼常量	k	$1.380\,662\times10^{-23}\ J/k$
普朗克常量	h	$6.626\,176\times10^{-24}\ J\cdot s$
电子电荷量	e	$1.602\,9\times10^{-19}\ C$
电子质量	m_e	$9.109\times10^{-31}\ kg$
质子质量	m_n	$1.6725\times10^{-27}\ kg$
中子质量	m_a	$1.6748\times10^{-27}\ kg$
原子质量单位	u	$1.660\,565\times10^{-27}\ kg$

附录3 希腊字母表

大 写	小 写	汉语读音	大 写	小 写	汉语读音
A	α	阿尔发	N	ν	纽
B	β	贝塔	Ξ	ξ	克希
Γ	γ	嘎马	O	o	奥米克隆
Δ	δ	台耳塔	Π	π	派
E	ε	依普西隆	P	ρ	洛
Z	ζ	截塔	Σ	σ	西格马
H	η	挨塔	T	τ	套
Θ	θ	希塔	Y	υ	宁普西隆
I	ι	约塔	Φ	φ	费
K	κ	卡帕	X	χ	希
λ	λ	拉姆达	Ψ	ψ	普塞
M	μ	米尤	Ω	ω	欧米嘎

物理应用基础（中职）教学基本要求

一、课 程 简 介

物理学是研究物质运动最普遍、最基本的运动形式及其规律的一门学科,它是自然科学和当代技术发展的基础,所以也是医学知识的学习及研究的基础,它为医学的发展提供了理论、方法和先进的医用仪器.医学学生掌握必要的、较系统的物理思想、物理概念和物理研究方法,将物理知识应用到医学中,是现代医学发展的需要,也是启迪学生思维、培养创造性人才的需要.

本课程内容包括力学基本知识、液体的性质及湿度、电场和直流电、电磁现象、几何光学和光学仪器等几部分,其任务是适应医学模式的转变,使学生在已有初中物理学知识的基础上,重点学习和现代医学密切相关的物理学原理及其在医学上的应用,为后续课程的学习奠定必要的物理学基础.

本课程通过教师和学生的互动过程,共同完成教学目标.教学中教师应因材施教,给予学生自由发展的空间.通过讲授、演示、讨论、实验和自学等多种方式进行教学活动,培养学生主动探索、发挥潜能、理解和应用所学知识与技能的本领和习惯.通过提问、作业、测验、实验操作和报告等方式进行评价.

二、课 程 目 标

1. **知识目标** 使学生通过物理知识的学习及其在医学上的应用,为学习现代科学技术和接受继续教育,为从事医学临床实践及医学研究等工作奠定了基础.

2. **能力培养目标** 通过本课程的学习,培养学生观察、实验、逻辑思维能力,运用所学物理学原理,分析和解决有关实际问题的能力.

3. **思想教育目标** 通过本课程的学习,使学生对物理学及其科学思维和研究方法有一定的了解,养成严谨、求实和相互协作的工作作风.

三、学 时 分 配

单　　元	学　　时		
	理　论	实　验	合　计
1. 绪论　实验预备知识	2	2	4
2. 力学基本知识	12~14	2	14~16
3. 液体的性质　湿度	6	4	10
4. 电学	6	2	8
5. 电磁学	4		4
6. 几何光学	6	2	8
合　　计	36	12	48~50

说明:①本大纲教学内容安排的基本思想:本教材总学时为50学时,但是以教学时数为32学时的英语护理、普通护理、中西医结合、针灸、助产五个专业为基础,主要安排了力学、电学和光学三部分内容.在执行大纲时,教师可根据各专业特点,对各章节的教学内容作适当调整.②本大纲共安排了6个实验,供各专业选用.教师可根据各专业授课内容和学校规定的实验教学计划代以相应的实验.

四、单 元 目 标

单　元	目　标	内　容	学　时		教/学活动	评　价
			理论	实验		
1. 绪论	1. 了解物理学与医学的关系 2. 了解误差及有效数字的确定 3. 学会正确使用游标卡尺测物体的长度	1. 绪论:物理学与医学的关系;怎样学好物理学 2. 实验预备知识:误差、有效数字 3. 实验1:长度的测量	2	2	讲授 实验	提问作业实验操作和报告
2. 力学基本知识	1. 了解质点、路程概念;明确位移、平均速度、即时速度的物理意义;掌握加速度的物理意义及其方向的确定 2. 加深理解力的概念;明确重力、弹力、摩擦力的性质及其大小和方向 3. 能用平行四边形定则求合力或分力,并说明该定则在医护工作中的应用 4. 了解牛顿第一定律,明确牛顿第三定律,掌握牛顿第二定律 5. 理解功、机械能(动能、重力势能)及其守恒定律的含义和内容 6. 掌握理想液体流动的连续性原理;液体的流速及压强的关系 7. 理解实际液体的黏性、血液的流速及血压的变化;了解正、负压的含义及测血压的方法	1. 机械运动:质点、位移、平均速度、即时速度;加速度的大小和方向;自由落体及重力加速度 2. 力:重力、弹力、摩擦力的大小和方向;肌肉、骨骼的力学性质 3. 力的合成与分解:力的合成与分解;平行四边形定则.牛顿三大定律:牛顿三大定律揭示的运动和力之间的关系;并运用三个定律指导医学临床工作 4. 实验2:验证平行四边形定则 5. 功和能:功;机械能及其转化守恒定律 6. 理想液体的流动:连续性方程;液体的流速与压强的关系 7. 实际液体的流动:黏性、泊肃叶定律;血液的流速和血压的变化,血压计及测血压	12~14	2	讲授 演示 自学 讨论	提问作业实验操作和报告
3. 液体的性质和湿度	1. 了解液体的表面性质,明确表面张力的大小和方向的确定,了解浸润与不浸润 2. 了解附加压强的大小及方向;了解毛细现象、气体栓塞的成因 3. 了解饱和汽压概念,明确饱和汽压与哪些因素有关;明确空气湿度的确定及其对人的生活、健康的影响	1. 表面现象:液体的表面性质,表面张力的大小方向;浸润与不浸润及其医药方面的应用 2. 表面现象:弯曲液面的附加压强、毛细现象、气体栓塞及它们在医、药、护理上的应用 3. 实验3.测定液体的表面张力系数 4. 湿度:饱和汽、饱和汽压;空气的绝对湿度,相对湿度,干湿泡湿度计的构造及原理 5. 实验4:空气湿度的测定	6	4	演示 讲授 讨论 实验	提问作业练习实验及报告
4. 电学	1. 掌握库仑定律,了解电场,明确电场强度的大小和方向的确定,说出电场线的特点 2. 了解电势能概念,电场力做功与电势能的关系.明确电势、电势差的物理意义,了解等势面的概念及点电荷、匀强磁场的等势面的特点 3. 了解电源的作用,说出测电源电动势的简单方法.掌握闭合电路欧姆定律,了解路端电压与外电阻的关系及两种特殊情况(断路和短路)	1. 电场、电场强度:点电荷、库仑定律的内容;电场、电场强度、点电荷的电场强度推论式,电场线及其特点 2. 电势、电势差:电势能、电场力做功与电势能的变化关系;电势、电势差,等势面及特性;生物电现象:电泳、电渗等 3. 闭合电路欧姆定律:电源、电源的电动势;闭合电路欧姆定律,外电压与外电阻的关系,断路与短路 4. 实验5:测电源的电动势和内阻	6	2	讲授 演示 讨论 实验 看现象	提问作业练习实验测验

单　元	目　标	内　容	学　时		教/学活动	评　价
			理论	实验		
5. 电磁学	1. 回顾磁场,磁场方向的确定,了解磁感线的特性,明确磁感强度的大小和方向的确定;理解磁通量的物理意义 2. 了解电磁感应现象,明确产生感生电流的条件;理解楞次定律及法拉第电磁感应定律	1. 磁场:磁场的产生,磁感线、**磁感强度、磁通量**;安培定则及左手定则;匀强磁场 2. 电磁感应:**电磁感应现象**;楞次定律;**法拉第电磁感应定律**	4		讲授演示讨论	提问作业测验
6. 几何光学	1. 了解光的折射定律,弄清折射率的几个定量表达式;明确全反射的条件及其在医学上的应用 2. 了解棱镜的折光特点,说出透镜的成像规律,会画成像光路图,掌握成像公式的计算 3. 了解眼睛的光学系统,简述异常眼的特点及其矫正方法;了解放大镜、显微镜的成像光路,了解视角、视力等概念及其表示方法	1. 光的折射:光的**折射定律**,折射率公式;**全反射及其医学上的应用** 2. 透镜:透镜的种类及折光特点;成像作图法;**成像规律及成像公式** 3. 光学仪器:眼睛的光学结构;**异常眼的成像特点及其矫正**;**视力的确定和视力表的使用**;放大镜、显微镜的成像光路和放大率 4. 实验6:测定玻璃的折射率	6	2	讲授讨论挂图实验	提问作业课堂学习

(刘　瑶　张德娟)